高等院校风景园林类专业系列教材 • 应用类

园林景观施工图设计

YUANLIN JINGGUAN
SHIGONGTU SHEJI

主　编　黄　晖
副主编　刘学军　粟志坤
　　　　李晓妍　潘宣合
主　审　董先农

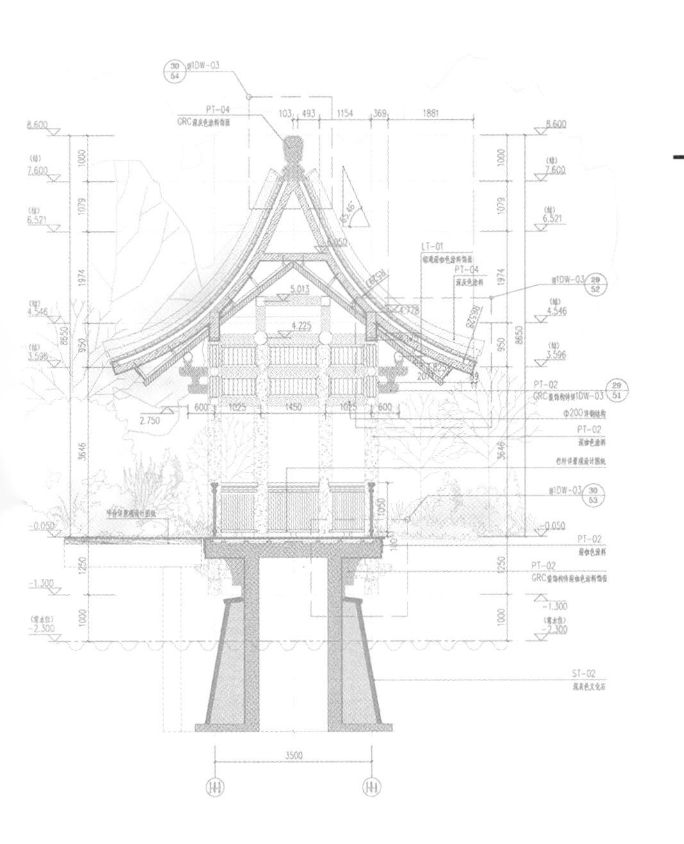

重庆大学出版社
国家一级出版社
全国百佳图书出版单位

内容提要

本书是高等院校风景园林类专业系列教材之一，涵盖园林景观施工图设计中涉及的全流程工作内容：平面施工图、道路广场铺装施工图、园林建筑小品施工图、水景施工图、假山山石施工图、植物种植施工图、施工图文字部分。教材内容对标园林景观施工图设计岗位能力要求，强调培养规范意识强、软件操作熟练、能融通应用前导课程知识、熟知岗位工作内容及工作流程的学生。

本书紧密贴合行业，以知名企业的标杆项目为范例，以完整项目的全工作过程为主线，将知识点、技能、规范要求融在每一步工作流程中。教材按项目工作流程，采用工作手册式编排，将国家标准、行业标准作为实训技术评价标准，将工作态度、学习能力、团队协作等作为职业素养评价标准，以模式化训练规范职业行为，并将课程思政融入教学中。本书配有教学课件、教学实训项目和参考答案，17 个微课，帮助教师教学和学生学习。书中共有 76 个二维码，可扫码学习。

本书适合风景园林设计、园林工程技术、园林工程等专业学生使用，也可作为企业岗前培训教材。

图书在版编目（CIP）数据

园林景观施工图设计 / 黄晖主编. -- 重庆 : 重庆大学出版社, 2023.4

高等院校风景园林类专业系列教材. 应用类

ISBN 978-7-5689-3303-2

Ⅰ. ①园… Ⅱ. ①黄… Ⅲ. ①园林设计—景观设计—工程制图—高等学校—教材 Ⅳ. ①TU986.2

中国版本图书馆 CIP 数据核字(2022)第 080984 号

园林景观施工图设计

主　编　黄　晖

副主编　刘学军　粟志坤

李晓妍　潘宣合

主　审　董先农

策划编辑：何　明

责任编辑：何　明　　版式设计：黄俊棚　莫　西　何　明

责任校对：谢　芳　　责任印制：赵　晟

*

重庆大学出版社出版发行

出版人：饶帮华

社址：重庆市沙坪坝区大学城西路 21 号

邮编：401331

电话：(023)88617190　88617185(中小学)

传真：(023)88617186　88617166

网址：http://www.cqup.com.cn

邮箱：fxk@cqup.com.cn（营销中心）

全国新华书店经销

重庆长虹印务有限公司印刷

*

开本：787mm×1092mm　1/16　印张：10　字数：270 千　插页：8 开 3 页

2023 年 4 月第 1 版　2023 年 4 月第 1 次印刷

印数：1—2 000

ISBN 978-7-5689-3303-2　定价：39.00 元

本书如有印刷、装订等质量问题，本社负责调换

版权所有，请勿擅自翻印和用本书

制作各类出版物及配套用书，违者必究

·编委会·

陈其兵　陈　宇　戴　洪　杜春兰　段晓鹃　冯志坚

付佳佳　付晓渝　高　天　谷达华　郭　晖　韩玉林

黄　晖　黄　凯　黄磊昌　吉文丽　江世宏　李宝印

李　晖　林墨飞　刘福智　刘　骏　刘　磊　鲁朝辉

马　辉　彭章华　邱　玲　申晓辉　石　磊　孙陶泽

唐　建　唐贤巩　王　霞　翁殊斐　武　涛　谢吉容

谢利娟　邢春艳　徐德秀　徐海顺　杨瑞卿　杨学成

余晓曼　袁　嘉　袁兴中　张建林　张　琪　赵九洲

张少艾　朱　捷　朱晓霞

· 编写人员 ·

主　编	黄　晖	深圳职业技术学院
副主编	刘学军	深圳职业技术学院
	粟志坤	广西农业职业技术学院
	李晓妍	东大（深圳）设计有限公司
	潘宣合	深圳园林股份有限公司
参　编	廖羽婵	岭南设计集团有限公司
	陈婉如	深圳奥雅设计股份有限公司
主　审	董先农	岭南设计集团有限公司

PREFACE /前言

风景园林设计专业学生的就业目标岗位中，施工图设计需求量最大，该岗位的核心课程即是“园林景观施工图设计”。同时，掌握园林景观施工图设计对学生将来从事园林景观设计、施工组织管理、造价与招投标等工作也非常重要。

施工图设计岗位除了要求学生具有扎实的园林景观材料、构造、工程等相关知识外，更重要的是综合应用能力。本课程是施工图设计入门课程，通过本课程的学习，增强学生在该岗位的适应性，达到企业基本要求，但还需要经过很多实践，才能真正掌握。

本教材以施工图设计流程为纲，融知识与技能于项目实践中。按教材9个项目的顺序，从项目介入到熟悉，从初设绘制环境到形成项目框架，从项目方案到施工图图册完成，学生可以体验到一个完整的施工图绘制过程，领会施工图绘制要求，掌握绘制方法。教材提供优秀项目案例，有成熟图纸供参考，并具有标准制图规范和相关设计规范要求。学生能在项目实践中规范地完成任务，达到施工图绘制要求。

本教材中的很多知识点在前导课程中都有涉及，计算机基本技能也有相应课程支撑。但在教学中发现，学生对知识点记忆不牢，融会贯通能力较差，所以在本教材中将用到的CAD应用、材料构造、设计规范等相关知识在对应实训环节总结归纳出来，希望同学们在实训过程中以点带面，复习掌握这些知识点。学有余力的同学也可以多做拓展训练。教材附录中列有施工图绘制相关规范、知名企业的绘制标准等供参考查阅。

本教材为项目化教材，将施工图绘制整个过程分为9个实训项目，项目1(园林景观施工图认知)让学生了解施工图的内容、标准、要求，建立行动模式和能力目标标准；项目2(施工图设计准备工作)帮助学生熟悉项目，建立施工图设计的整体观；项目3(绘制总平面施工图)是本教材中最难的部分，初学者最好按教材总结出的步骤逐一完成，并需要记住核心环节，在今后的工作中继续学习；项目4至项目8为施工图详图部分，该部分需要学生有足够的材料构造、园林工程相关知识，并在实训中综合应用；项目9施工图文字部分和出图最为“简单”，需要细心完成。

每个实训项目分若干任务按工作流程完成。每个任务有明确的实训目的，电子版实训资料(扫描书中二维码查看，并在计算机上进入重庆大学出版社官网下载)。学生可按实训步骤和操作方法完成，项目完成后，可以对照参考答案(扫“实训参考答案”的二维码)修改，并按实训评价表，综合评价。

书中有76个二维码,17个微课,可扫码学习。

园林景观施工图设计是实践性非常强的课程,涵盖内容广,项目个性化突出,市场变化大,施工、构造方式灵活,所以很难形成标准化的教程,只能以知名企业的标杆项目为范例,总结最基本的流程和方法,希望能为高等院校“园林景观施工图设计”课程教学提供一本适用的教材,同时对园林景观专业的施工图设计人员有所帮助。

本教材在编写过程中得到了许多同行的指点和建议,我校毕业学生也提供了大量参考案例,谨此致谢!对本教材的不足之处,恳请读者提出建设性的意见,以便再版时及时修订。

编　者

2023年2月

目 录

项目1 园林景观施工图认知

项目1微课

【项目目标】

园林景观施工图是园林景观工程施工、预决算、工程验收的依据，在开始学习园林景观施工图设计之前，需要了解施工图设计的目的、意义、用途、原则、工作步骤，这些是完成施工图设计的指导思想和工作方法的指引。施工图设计是一项“没有最好，只有更好”的工作，只有在明确目标的前提下完成的施工图设计才能更精准地为工程后期工作提供技术支持。

【任务下达】

按步骤认真阅读“广州碧泉温泉酒店景观方案. pdf”和“广州碧泉温泉酒店景观施工图. pdf”，比较方案和施工图两个阶段设计目的、设计内容、设计深度、表达方式等方面的区别，并回答问题。

实训资料

（1）广州碧泉温泉酒店景观方案. pdf（可下载）。

（2）广州碧泉温泉酒店景观施工图. pdf（可下载）。

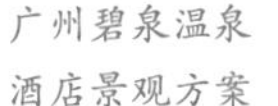

广州碧泉温泉
酒店景观方案

广州碧泉温泉
酒店景观施工图

实训要求

（1）快速阅读和精读相结合。

（2）边阅读，边领会，边思考。

【任务实施】

第1步

快速浏览“广州碧泉温泉酒店景观方案. pdf”和“广州碧泉温泉酒店景观施工图. pdf”两个文件，初步了解项目概况。比较方案阶段和施工图阶段图纸表达形式和内容，明确两个阶段各自的设计意图。

第2步

比较方案和施工图两个阶段的设计说明，分别列出两个阶段设计说明的主要模块和内容。

第3步

比对方案和施工图两个阶段的图纸目录，请问两个阶段的设计内容有何不同？

第 4 步

在“广州碧泉温泉酒店景观方案.pdf”中有若干廊架、花架效果图，请在“广州碧泉温泉酒店景观施工图.pdf”中为这些效果图找到对应的施工图。

第 5 步

比较“广州碧泉温泉酒店景观方案.pdf”中风雨廊详图（图 1.1）和“广州碧泉温泉酒店景观施工图.pdf”中风雨廊详图（图 1.2），请问两个阶段同是“弧形廊”设计，但设计具体内容、设计深度有何不同？

图 1.1 风雨廊方案设计彩图 1

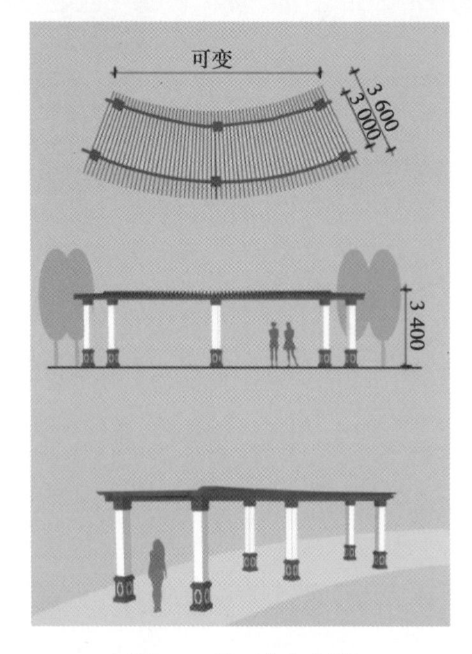

图 1.1　风雨廊方案图

图 1.1 风雨廊方案设计彩图 2

第 6 步

请向同行前辈咨询，景观工程实施过程中哪些环节需要施工图？施工图有哪些设计原则和要求？

【核心知识】

1. 关于园林景观施工图设计

园林景观施工图在初步设计被批准后，应深入细化设计图，用于指导园林工程施工的技术性图样。它详尽、准确、清晰地表示出工程区域范围内总体设计及各项工程（建筑小品、假山置石、水景、植物）设计内容、施工要求和施工做法等内容。它是依据正投影原理和国家有关建筑、园林制图标准以及园林行业的习惯表达方式绘制的，是园林施工时定位放线、现场制作、安装、种植的主要依据，也是编制园林工程概预算、施工组织设计和工程验收等的重要技术依据。

应该说以上关于园林景观施工图的概念是狭义上的一种定义，只涵盖了园林专业施工图；广义上，一套完整的园林施工图应包括园林专业施工图、结构专业施工图、给排水专业施工图、电气专业施工图等。

本书以下的内容不做特殊说明时，园林施工图均指狭义上的定义，即特指园林专业的施工图，本书讨论的园林施工图设计也特指园林专业施工图设计。

2. 园林景观施工图设计的内容

园林景观施工图设计分为种植、道路、广场、山石、水池、驳岸、建筑、土方、各种地下或架空线的施工设计，图纸包含以下内容：

1）文字部分

（1）封面；

（2）施工图设计说明；

（3）目录。

2）总图部分

（1）总平面图；

（2）总平面分区图（面积较大的项目）；

（3）总平面索引图；

（4）总平面定位图（面积较大的项目分区绘制）；

（5）竖向设计总平面图；

（6）铺装总平面图；

（7）景观照明、服务设施总平面图。

3）详图部分

（1）铺装设计详图；

（2）景观构筑物（大门、岗亭、亭、廊、花池、景墙等）设计详图；

（3）水景详图；

（4）假山详图。

4)**种植部分**

(1)种植施工图设计说明;

(2)种植设计总平面图及苗木表;

(3)种植详图。

3. 园林景观施工图设计的要求和原则

园林景观施工图设计是园林建筑材料与构造、园林工程、园林建筑、园林工程施工、园林植物造景、植物生理等课程的综合应用。目前行业内并无景观施工图设计的具体标准,设计人员大多是根据工程实施单位的方法及经验并参考国家现有的图集来进行设计,最重要的是学习优秀设计机构的标准和案例。园林景观施工图设计中施工图设计人员会遇到各种各样的工程上的问题,必须发现问题、了解问题、解决问题,才能在工作中不断成长,得到相应的经验。但总的来说,施工图须满足以下要求:

(1)遵守国家相关设计标准和规范　图纸绘制要尽量符合《风景园林制图标准》(CJJ/T 67—2015)的规定;设计内容应遵守园林景观设计相关规范,如公园设计规范、城市道路绿化规划与设计规范等。除此之外还应遵守建筑设计相关规范,如建筑消防设计规范等。设计师必须要有规范意识,熟悉了解国家和地方关于建设与设计的相关规范、标准图集等,这是一个设计师的基本职业素质。相关设计规范列表参见附录1。

(2)忠实于方案,深化创作　园林施工图应以园林方案设计和园林初步设计为基础,在保持原方案设计风格的基础上优化、细化和深化施工图设计。施工图设计不是方案设计机械地转化,在这个过程中有着很大的再创作空间。比如铺装设计中材料质感、规格的选定、拼缝的方式等,秉承方案的思路和理念,进行细部设计的深化创作,使原方案更经济、更易施工、更人性化。

(3)详尽清晰　园林景观施工图设计文件的编制和深度要求,国家没有相应的标准,在工程实践中,施工图设计深度应满足以下4个要求:

①能够根据施工图编制施工预算;

②能够根据施工图安排材料、设备订货和非标准材料的加工;

③能够根据施工图进行施工;

④能够根据施工图进行工程验收。

(4)人性化原则　园林设计是一种创造性的行为,其最终目的是为人服务,所以设计时应处处体现以人为本的理念,人性化的设计是对人最好的尊重。例如应考虑到不同年龄段、不同性别、不同性格人群的不同需求,甚至四时变幻、晨昏雨晴等不同环境情况下人们的不同需求,根据人体工程学和环境心理学的原理,设身处地为各色人等各种情况下的需求量身设计,才能真正谈得上是以人为本,以将来潜在的使用者为本。

(5)经济性的原则　注重经济性的景观设计包含非常广泛的内容。除了一直以来强调的本土材料、适地适树、挖填平衡等措施以外,更要考虑长期维护管理成本、耐久性、水资源和能源利用的集约化。设计时应该站在建设方的角度,在保证设计效果的前提下,尽量降低建设成本和建设周期,这就要求设计师多了解一些工程造价方面的知识,有一定的成本控制意识,设身处地地为建设方的利益考虑。只有做到了这些,才算得上是一位有责任心和成熟的施工图设计师。

4. 园林景观施工图设计师的任务

施工图设计的质量关系到建设单位的投资效益、园林环境的舒适性、运行管理的方便与安全、使用寿命等。因此,园林景观施工图设计师对于营造一个好的室外空间环境有着重要作用。

1)完善园林景观方案和扩初设计

园林景观设计一般分为3个阶段:方案设计阶段、初步设计阶段、施工图设计阶段。方案设计阶段主要解决园林景观项目的定性和定位等宏观问题,主要关注空间、功能和形式,初步设计阶段深化方案,结构、水电专业在此阶段开始配合,落实方案技术上的可实施性。

施工图设计相对更细致、更严谨、更全面,很多问题在施工图阶段才暴露出来。如自然水体的降水量、蒸发量与水面大小关系、地质条件与开挖要求、地下水位与植物种植等,会对方案产生较大的影响和改动。设计师需在原方案原则下进行方案调整。

施工图设计师对施工工艺、材料等更为熟悉,可以提出优化建议。如曲率过大的景墙贴面采用墙砖不如用马赛克或弧形花岗石好施工,再如黄锈石虽受方案设计师青睐,但产量少,价格高涨,施工图设计师可用黄金麻替代。很多细节也是在施工图阶段得以落实,如任意曲线道路交接对位关系、建筑出入口与道路交接方式、无障碍坡道的位置及坡长等。

所以,施工图设计绝不仅仅是执行方案的机械的过程,它自始至终贯穿着二次创作,一位优秀的施工图设计师,既会为方案锦上添花,又会为方案做必要的弥补。

2)统帅各专业协同完成任务

园林景观设计需要其他专业的设计与之相配合,才能使施工图设计成为完整意义上的设计,这就存在着各专业之间的协调设计。施工图设计师是各专业的统帅,需要与结构工程师沟通协调基础、荷载等问题,与电气工程师沟通夜景灯光设计,与给排水设计师沟通大型喷泉设计等。

3)为施工准备齐全的设计文件

施工图纸是施工时的重要设计文件。有了施工图纸,建设单位才能组织编制施工预算,进行施工招投标,施工单位才能安排施工进度、备料进场等施工前期的准备工作,才能按图纸组织施工顺序,完成园林设计中的各项内容。

5. 园林景观施工图设计的程序

园林景观施工图组织设计是一个较为复杂的程序。通常总图最先确定;然后是园林建筑小品施工图设计、山石施工图、水体施工图等相对独立的设计单元,前后顺序没有严格要求;最后是施工图文字部分(图1.3)。因每个设计单元之间有或近或远的关联性,例如在做建筑小品施工图实训时也许需要调整平面定位和引注,做水景设计更改时会与水专业设计师协调,所以,园林施工图设计就是在不断的内部协调、外专业协调中完成的。

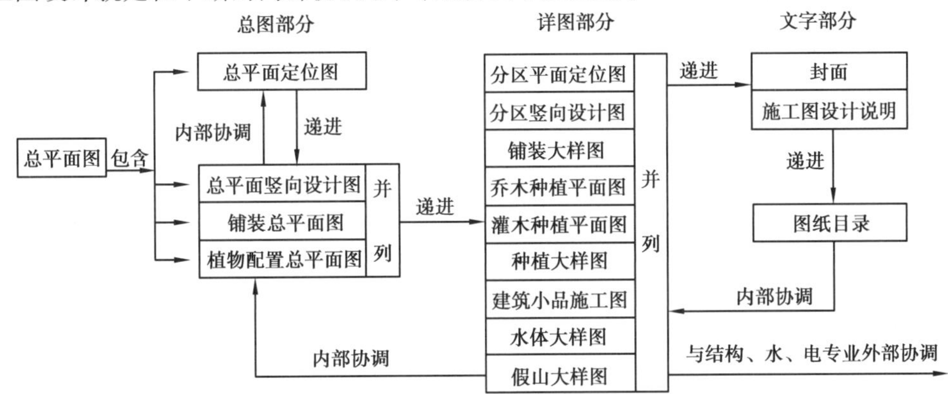

图1.3　施工图绘制设计流程图

【项目评价】

评价内容	评价标准	权重/%	分项得分
第 1 步	能分清方案阶段和施工图阶段的设计表达方式，清晰、全面表述方案阶段和施工图阶段设计目标	10	
第 2 步	通过提炼方案阶段和施工图阶段设计说明的内容，进一步明确各自的目的和技术标准	10	
第 3 步	全面表述方案阶段和施工图阶段设计内容（图纸内容）	10	
第 4 步	快速准确找到方案和施工图对应关系	20	
第 5 步	①能比较弧形廊表达方式不同、绘制内容不同； ②能比较平面、立面尺寸标注深度、标注内容不同	20	
第 6 步	①列举景观工程实施过程中需要施工图的环节； ②列举施工图设计原则和要求	30	
总　分		100	

项目 2 施工图设计准备工作

【项目目标】

施工图既是方案的执行，同时也是忠实于方案的再设计、再创作的过程。在施工图设计前需在尽量短的时间内熟记项目的基本信息、深刻理解方案意图。经过该项目训练，学生应厘清信息脉络，关注重要信息，以便在后期施工图设计阶段更好地执行方案。

任务 1　了解项目信息

项目 2 微课

【任务下达】

明确项目区域位置，查阅该区域气候特征、地质特征等环境资料，并完成表 2.1；了解项目设计目标、设计范围、项目用地情况和周边环境等，完成表 2.2；了解项目的建筑设计风格、景观设计风格，查阅资料，完成表 2.3。

实训资料

(1)某庭院景观方案设计. pdf(可下载)。

(2)表 2.1 项目所在地的区域环境. xlsx(可下载)。

(3)表 2.2 项目基本情况. xlsx(可下载)。

(4)表 2.3 设计风格. xlsx(可下载)。

(5)方案模型. skp(可下载)。

某庭院景观方案设计

表 2.1 项目所在地的区域环境

表 2.2 项目基本情况

表 2.3 设计风格

方案模型

实训要求

(1)根据方案中提供的信息，检索相关知识。

(2)仔细读图，全面了解项目情况。

表 2.1　项目所在地的区域环境

项　目	特　征		设计应对措施
气候特征	气候类型		
	气温特点	夏季:	
		冬季:	
		温差:	
	降水特点	年总降水量:	
		季节变化:	
	风向风力	夏季主导风向及风力风速:	
		冬季主导风向及风力风速:	
	气候灾害		
地形特征			
植物特征	主要乔灌木:		
	主要地被植物:		
	特殊植物(具有地域代表性、人文历史相关):		

表 2.2　项目基本情况

项　目	基本情况	
项目定位	功能类型	休闲度假　旅游观赏　集会交流　商业配套　文体娱乐 康体疗养　文化教育　运动健身　居住配套
	主要使用人群年龄结构	幼童　青少年　中青年　老人
	品质	奢华　高端　大众　经济实用
设计范围	项目用地面积	(是否有架空层、屋顶花园、私家花园等)
	地形	
	设计内容	硬景　软景　结构　水电　环保　市政　预算
周边环境	道路交通	
	自然、人文景观	
	建筑	建筑性质、用途　建筑高度　建筑风格

表 2.3　设计风格

建筑特征	建筑风格	
	层数、高度	
	建筑色彩	

续表

景观特征	景观风格	（需具体到属于哪个时期、哪个区域、哪个流派）	
	空间组织		
	景观建筑小品特征		
	装饰元素		
	硬景主要色彩		
	植物配置	植物空间	（用地范围，植物疏密构成关系；各重要节点植物空间架构方式及层次）
		植物搭配风格	
		植物色彩	（各季节植物主色调、配色）

【核心知识】

图2.1 区位分析图（彩图）

1. 项目设计环境

1）场地区位位置

场地区位位置的信息可以从方案设计说明或区位分析图（图2.1）、总平面图获取。项目所在地区的气候、经济状况、周边景观、主要人流方向等均是设计的基础资料，关系到项目选材、施工构造措施、安全设施的设置等设计内容。

区域脉络

本项目位于广东省惠州市西北部郊区的广汕公路北侧。

坐拥“一湖两水五山”，隐身于三面环山的泽谷之中。

南侧有广汕公路、恩州大道。

50分钟车程到惠州西湖的东坡纪念馆。

图2.1　区位分析图

2）地块控制性详细规划图则

可以从地块控制性详细规划的图则(图 2.2)获取地块的使用性质、地块的出入口、地块与周边的边界关系以及本地块与周边地块的交通关系等信息。

景观设计中须关注的边界线包括红线、围墙线、地下室边界投影线等。红线是指经过批准的建设用地红线、道路红线和建筑红线，用地边界线如图 2.3 所示。

(1)建设用地红线

建设用地红线是围起某个地块的一些坐标点连成的线，红线内土地面积就是取得使用权的用地范围。用地红线只是标注在红线图上，现场是看不到的。建设用地红线一般用粗双点画线表示，并用文字标注标明，红线所有拐点均需标出坐标值。

(2)建筑红线

建筑红线也称"建筑控制线"，是指城市规划管理中，控制城市道路两侧沿街建筑物或构筑物(台阶、外墙等)靠临街面的界线，是建筑物基底位置的控制线，即允许建筑设计范围。突出地面的建筑物、构筑物甚至包括停车场必须设计在建筑退红线内，用地红线与建筑退红线之间只能设计道路、广场或种植植物等。建筑红线一般用粗单点画线表示，并用文字标注标明，红线所有拐点均需标出坐标值。

(3)地下车库边界投影线

地下车库、地下商业等上方正对应的地面和非车库对应的地面园林景观做法差别很大，有必要标示出这条界线的位置。一般用粗虚线示出其外围轮廓，并以引出线标注"地下室轮廓线"文字字样。

(4)围墙线

园林围墙是园林设计内容之一，总图中应绘出围墙轮廓线，可以按照《总图制图标准》(GB/T 50103—2010)中围墙的图例绘制，或以双单线绘制，并标注"围墙"字样。

相关知识：

绿线　城市各类绿地范围的控制线。

蓝线　城市规划确定的江、河、湖、库、渠和湿地等城市地表水体保护和控制的地域界线。

紫线　国家历史文化名城内的历史文化街区和省、自治区、直辖市人民政府公布的历史文化街区的保护范围界线，以及历史文化街区外经县级以上人民政府公布保护的历史建筑的保护范围界线。

黑线　高压线用地的控制范围。

黄线　对城市发展全局有影响的、城市规划中确定的、必须控制的城市基础设施用地的控制界线。

橙线　铁路和轨道交通用地范围的控制界线。

相关知识中介绍的这些线直接或间接地影响着景观施工图设计。比如黑线，规划要求 110 kV 高压线防护绿带宽度不小于 25 m，绿带内植物顶部距离高压线垂直距离不小于 4 m；220 kV 高压线防护绿带宽度不小于 35 m，绿带内植物顶部距离高压线垂直距离不小于 5 m。这也就意味着防护范围内不能种植大乔，也不能有构筑物。

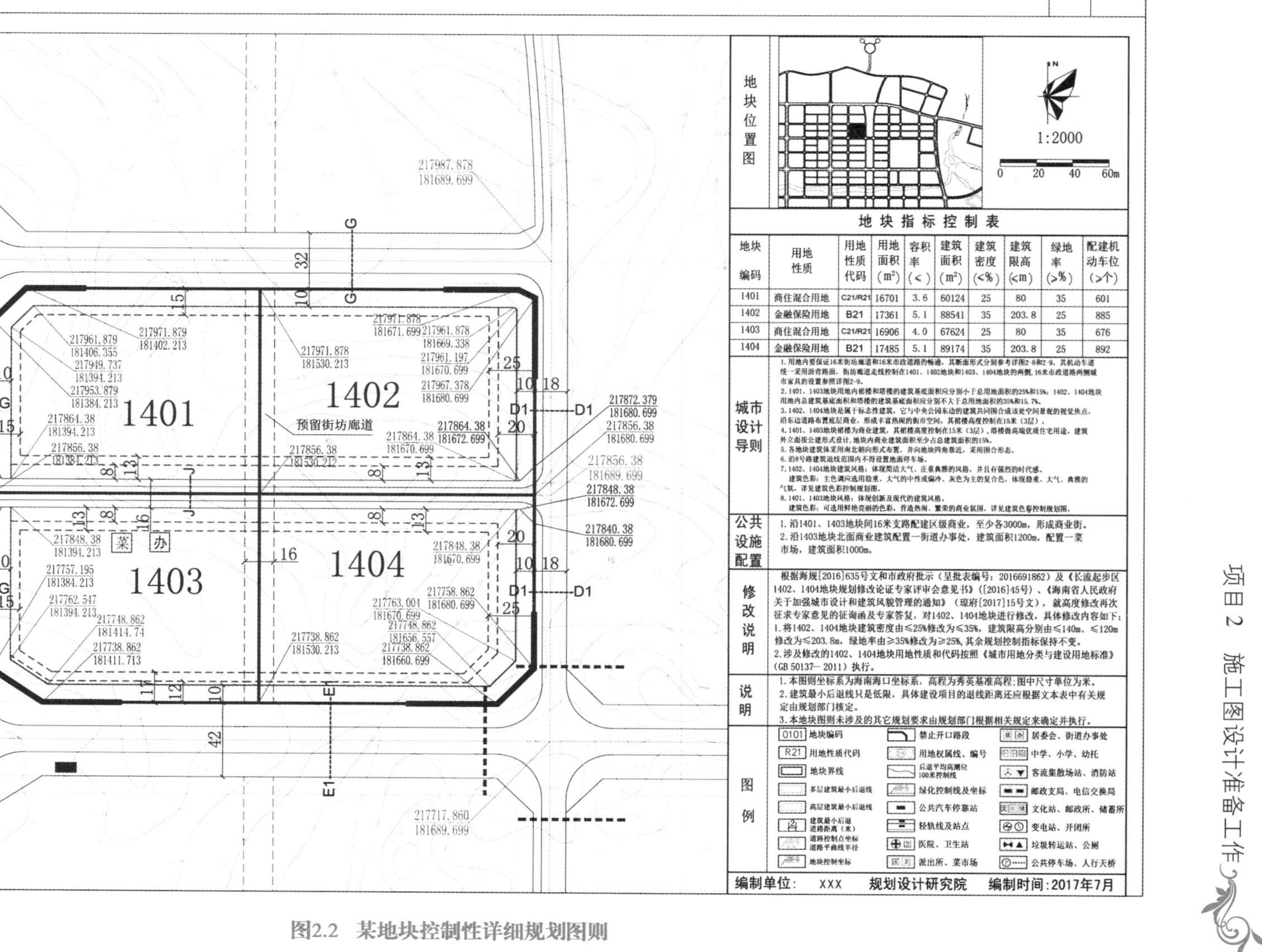

图2.2　某地块控制性详细规划图则

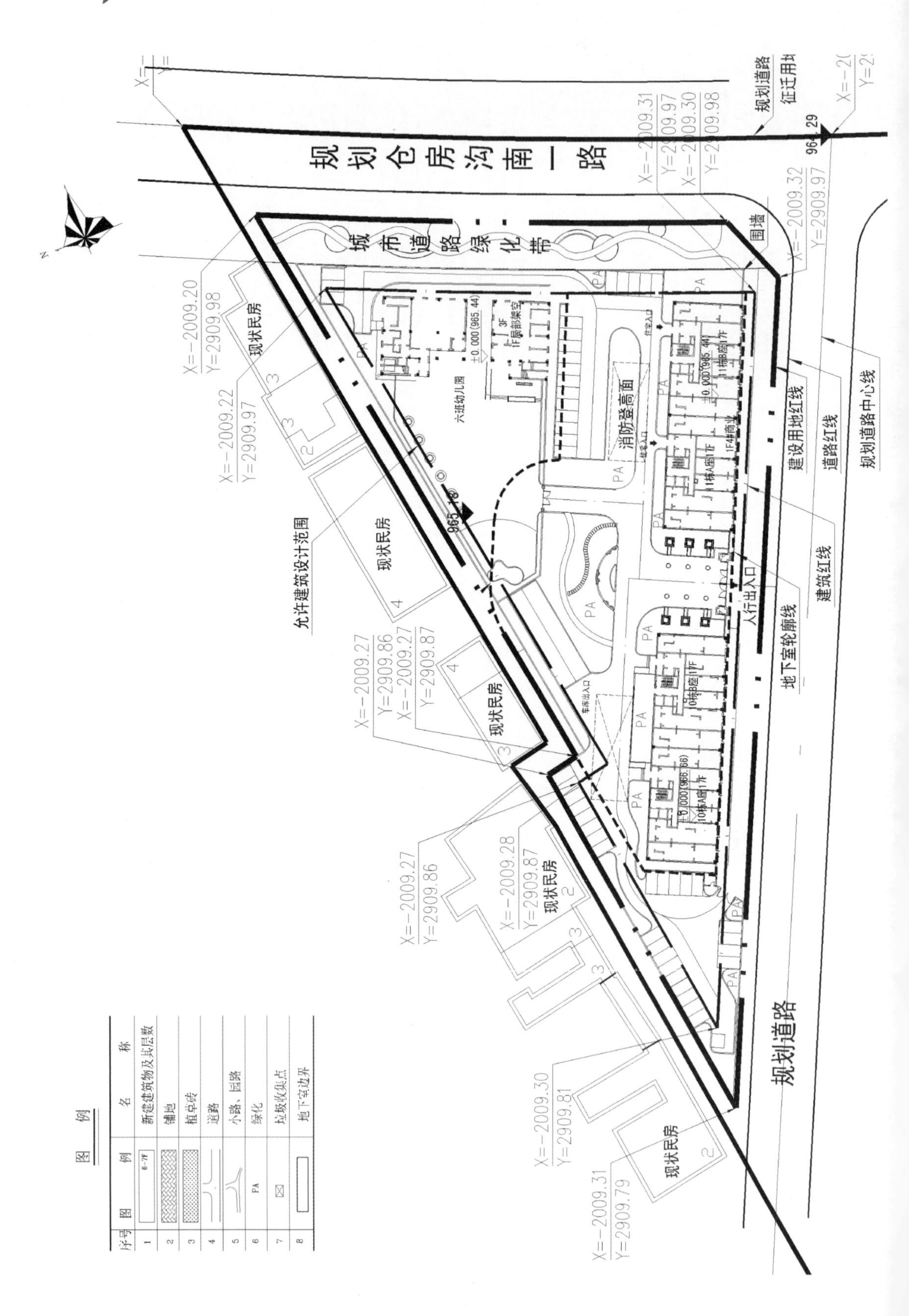
规划仓房沟南一路
城市道路绿化带
围墙
规划道路
征迁用地
现状民房
允许建筑设计范围
六班幼儿园
消防登高面
人行出入口
建设用地红线
道路红线
规划道路中心线
建筑红线
地下室轮廓线
规划道路
X=−2009.20
Y=2909.98
X=−2009.22
Y=2909.97
X=−2009.27
Y=2909.86
X=−2009.27
Y=2909.87
X=−2009.28
Y=2909.87
X=−2009.30
Y=2909.81
X=−2009.31
Y=2909.79
X=−2009.32
Y=2909.97
图例
序号
图例
名称
1
新建建筑物及其层数
2
铺地
3
植草砖
4
道路
5
小路、园路
6
PA
绿化
7
垃圾收集点
8
地下室边界

3)场地内及四邻环境的反映

①四邻原有及规划的城市道路和建筑、用地性质或建筑性质、层数等,场地内需保留的建筑物、构筑物、古树名木、历史文化遗存、现有地形与标高、水体、不良地质情况等。

②场地内拟建道路、停车场、广场、绿地及建筑物的布置,并表示出主要建筑物与各类控制线距离、相邻建筑物之间的距离及建筑物总尺寸,基地出入口与城市道路交叉口之间的距离。

③场地内主要建筑物的名称、出入口的位置、层数、建筑高度、设计标高,以及地形复杂时主要道路、广场的控制标高。

4)指北针或风玫瑰图、比例

在景观植物设计中,朝向和风向是我们考虑的重要因素。比如山地阴阳坡,植物选种会有不同;建筑的北面会考虑阴生植物,建筑的南向会用落叶植物;北方园林冬季主导风的上风向需堆土筑山,常绿密林等。

5)方案分析图

方案分析图包括功能分区、空间组合及景观分析、交通分析(人流及车流的组织、停车场的布置及停车泊位数量等)、消防 、地形分析、绿地布置、日照分析、分期建设等。分析图是方案设计主要理念的高度概括,可帮助我们快捷理解项目及方案理念。

2.项目设计内容

1)项目设计范围

①要明确项目设计具体区域,特别是含糊空间,如住宅区红线范围内的市政道路绿化带、建筑架空层、别墅花园、裙房屋顶花园等。

②要明确设计内容,有些市政道路项目只做绿化设计,有些项目的喷泉、夜景由专业公司设计,有些项目花钵、亭廊花架、栏杆铁艺等景观小品都购买成品,有些项目需设计院提供工程预算……在设计之前与建设方进行充分的沟通、明确设计内容是非常必要的。

2)项目分期

多数大型项目做完景观总体方案后,会依据建设条件,分区、分期、分步建设。施工图设计应配合项目建筑计划分期分阶段完成。施工图项目负责人一定要明确园林建设分期情况及先后顺序、时间节点,制订任务计划,合理组织施工图设计。

3.项目设计注意事项

1)施工图设计需要项目甲方提供的资料

(1)规划部门出具的用地红线图及用地红线坐标、用地规划条件等(该资料在方案设计前已提供,施工图阶段需核实);

(2)方案、初步设计设计批复或会议纪要、修改意见等;

(3)建筑施工图设计(总平面、地下一层平面、一层平面、立面);

(4)红线内市政道路施工图设计;

(5)综合管网图;

(6)基本的河道水文资料,包括常水位、洪水位、高水位,以及相应的重现期等。

2)项目设计合同

在设计合同中,重点关注甲方对施工图设计完成时间、造价控制等要求,并严格按合同执行。

3)了解方案设计历程

每个方案都会经过若干次的探讨、征询专家意见、报政府部门审批才得以形成最后的执行方案。在施工图设计前应提前了解方案更改的历程,避免走回头路。

任务2　抄绘总平面图

【任务下达】

熟悉方案内容,如总体布局、重要景点、交通组织(消防、车行、人行)等,深刻领会设计意图。用透明纸徒手抄绘“某庭院景观方案设计.pdf”总平面图(图2.4),标示重要景观节点、车行系统、人行系统、主要出入口。

实训资料

某庭院总平面图.pdf(可下载),建议打印为A3彩图,供抄绘用。

图2.4 方案总平面图(彩图)

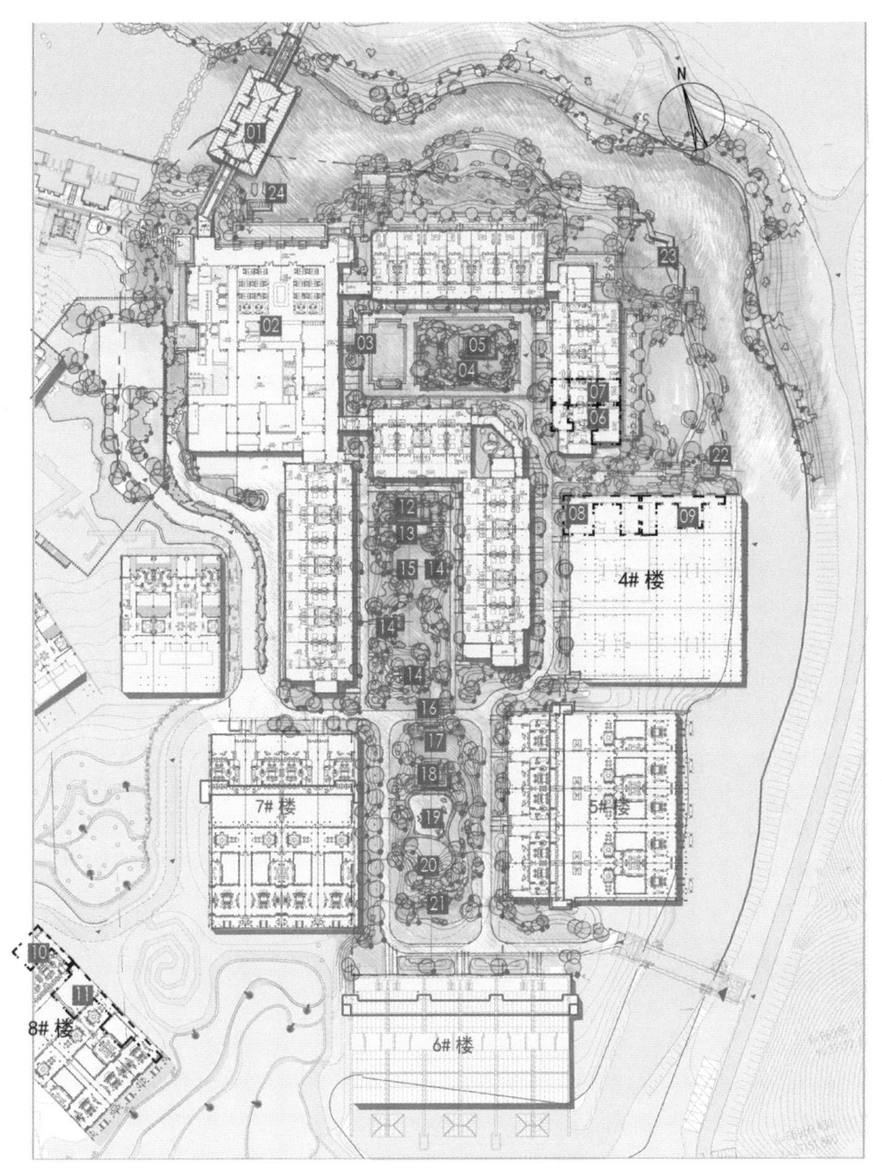

【图例】

01 大堂
02 畅和堂（二层庭院）
03 电瓶车落客平台
04 邀月台
05 万卷山房
06 高朋（标准院A）
07 清新（标准院B）
08 栖隐（4号楼前院）
09 玲珑（4号楼后院）
10 雅阁（8号楼前院）
11 瑶台（8号楼后院）
12 茶室
13 亲水平台
14 发呆亭
15 溪
16 景桥
17 摸鱼池
18 景亭
19 沙坑
20 滑梯
21 跌水假山
22 景亭
23 沿湖散步道
24 公共码头

图 2.4　方案总平面图

实训要求

(1)抄绘内容全面；

(2)徒手抄绘,线条清晰流畅；

(3)能抓住平面图中重要信息,并重点标识；

(4)能默绘方案总平面图更佳。

图 2.4 方案总平面图 2（彩图）

【任务实施】

第 1 步

绘项目用地红线、周边道路、地貌；

第 2 步

绘建筑外轮廓、标明建筑名、层数、出入口；

第 3 步

绘车行路、消防路；

第 4 步

绘水体、主要园林建筑小品；

第 5 步

绘制行道树、树丛、山石、水景等；

第 6 步

标出各景点名。

【项目评价】

评价内容	评价标准	权重/%	分项得分
任务 1	①根据方案区域位置描述，能列出所需区域资料，并检索； ②能根据检索资料分析方案，并针对不利因素提出应对措施； ③清晰明确地表述项目基本情况； ④能判断景观方案风格； ⑤能检索该风格的主要特征	40	
任务 2	①抄绘内容全面； ②线条清晰流畅； ③能抓住平面图中重要信息，并重点标识； ④能默绘方案总平面图更佳	40	
职业素养	资料检索能力、方案理解能力、图形记忆能力、综合分析能力	20	
总　分		100	

项目3 绘制总平面施工图

【项目目标】

总平面图涵盖的信息量非常大，是项目实施的基础和关键。绘制总平面施工图一定要具有全局观，缜密的思维、清晰的逻辑能成就优秀的设计。本项目的重点是掌握总平面图的设计内容，并系统、全面地表达在图纸上，难点是绘制图面清晰、标注全面。通过本项目训练，了解施工图总图绘制流程；掌握施工图绘制深度要求；掌握相关设计规范；培养较好的绘制步骤和方法；培养全局观、整体观；培养严谨的绘图习惯。

总平面图是表达新建园林景观的位置、平面形状、名称、标高以及周围环境基本情况的水平投影图。它是整套园林施工图的核心和总纲，主要表达定性、定位等宏观设计方面的问题，是反映园林工程总体设计意图的主要图纸，也是绘制其他专业图纸和园林详图的重要依据。

园林专业的总平面图涵盖内容较多，很难在一张图上清楚地表达所有内容。为了表达更清晰，设计者往往把总图的内容细分为总平面分区示意图、总平面索引图、总平面(道路)定位图、总平面(景观)定位图、总平面竖向图、总平面铺装图、总平面灯具布置图、总平面配套设施布置图等单项设计图。根据设计内容的繁简和图纸表达的需要，有时单项总平面图会增减或合并。比如，当项目复杂时，总平面定位图可以分为总平面网格定位图和总平面定位图；项目简单时，总平面定位图和总平面竖向设计图可以合并为总平面定位、竖向图。

任务1　CAD基础设置

项目3任务1
微课

【任务下达】

在遵循国家制图规范的前提下，各设计公司有各自的绘图标准，并做成CAD标准文件。为了熟悉绘图环境、统一本项目绘图标准，请按步骤完成设置图层、字体、标注样式等设置，并存为“基础设置.dwg”。对计算机设置比较熟悉的同学，可以只做第4步“图框设置”，其余环节可以略过。

实训资料

A1.dwg；A1+. dwg；A2.dwg；A2+.dwg；A2++.dwg(可下载)。

项目3任务1
实训资料

实训要求

(1)严格按规范、按步骤执行。

(2)边设置图层,边记忆各图层设置参数和所表达的内容。

【任务实施】

第1步:选项设置(op)

(1)文件:设置自动存盘文件位置;

(2)显示:配色方案设为暗,CAD模型空间背景颜色设为黑色或灰色,字体设为四号字,十字光标大小设到50左右;

(3)打开和保存:文件另存为2004版或2007低版本文件,自动保存时间设为10分钟;

(4)系统:点击图形性能,开启硬件加速;

(5)绘图:自动捕捉大小、靶框大小设为中等以上,设计工具提示中字体大小设为最大;

(6)选择集:拾取框大小设中等以上大小,勾选"允许按住并拖动套索"。

第2步:图层设置

每个公司有自定的标准图层,一般不允许在制图过程中随意添加图层。本教材参考表3.1标准图层设置。

表3.1 图层表

序号	图层名称	颜色	线　型	线　宽	说　明
01	0	07	中粗线	0.15	CAD自带层,不要在0层作图,建议在0层做块,因在0层做的块被复制到其他图层,颜色会随层改变
02	0-1	01	细线	0.10	建筑轴线、道路中心线(分水线、对称线)
03	0-2	02	中粗线	0.15	构造较复杂构筑物的构造区分线、道路内边线等
04	0-3	03	细实线	0.10	尺寸线、标注、引线(总图尺寸标注不用天正时,在本层标注)
05	0-4	04	粗实线	0.30	构筑物轮廓线、道路边线、剖切线
06	0-5	05	加粗实线	0.50	驳岸线、结构线、地平线
07	0-6	06	中粗线	0.15	较复杂构筑物构造线
08	0-7	07	中粗线	0.15	文字、数字
09	0-8	08	填充线	0.05	填充、铺装、看线
10	0-9	09	细实线	0.15	剖面铺装分界线,辅助线
11	0-PA	96	波浪线	0.05	种植区、草灌分界线
12	0-11	11		0.05	各种花灌木、人物、配景
13	0-mv	08		0.05	视口,不打印(可以用Defpoints层代替)
14	0-等高线	08	细虚线	0.05	等高线
15	0-等高线文字	07		0.15	等高线文字
16	0-覆土厚度	06		0.15	覆土厚度
17	0-Text1	07		0.15	文字、说明
18	0-Text2	02		0.15	景物、景点名称

续表

序号	图层名称	颜色	线　型	线　宽	说　明
19	0-Stone	02		0.15	景石
20	0-Water	141		0.05	水景立面、流向、喷泉等
21	0-家具小品	04		0.30	家具小品(其他图层为 08#)
22	0-拼图线	251	粗虚线	0.50	拼图线、拼图线文字 07#
23	0-Area	06	加粗实线	0.50	面积计算
24	0-Parking	11		0.05	停车位
25	0-网格	06	中粗线	0.15	大网格 06#、小网格 08#
26	AC-TITLE	07		0.15	图框
27	0-CALLOUT	07	中粗线	0.15	索引
28	AXIS	03		0.10	详图轴线尺寸界线,由天正系统自动生成
29	AXIS_TEXT	07		0.15	详图轴线尺寸文字,由天正系统自动生成
30	Defpoints	07		不打印	CAD 自带层,不打印
31	DIM_COOR	03		0.10	坐标标注,由天正系统自动生成
32	DIM_ELEV	03		0.10	竖向标注,由天正系统自动生成(坡度箭头、下台阶箭头归到此层)
33	DIM_IDEN	03			索引符号,由天正系统自动生成(一般不用,按公司统一索引符号)
[illegible]	DIM_LBAD	03			引出标注,由天正系统自动生成(一般不用)
[illegible]	[illegible]_SYMB	03		0.10	文字标注,指北针(放局部空间、不放模型空间)由天正系统自动生成
[illegible]	DOTB	01	细点画线	0.10	建筑轴线、道路中心线(分水线、对称线)只用于天正系统自动生成
37	PUB_DIM	03		0.10	尺寸标注,由天正系统自动生成
38	PUB_HATCH	08		0.05	填充,只用于天正系统自动生成
39	PUB_TEXT	07		0.15	文字数字,由天正系统自动生成
40	Z-Bedline	01		0.50	用地红线
41	Z-Backline	01		0.15	建筑退让红线
42	Z-BVA	05		0.50	消防通道
43	Z-建筑 1F	17		0.05	建筑(柱子填充用 251#线,打印为 70% ~90% 灰度;外轮廓用 5#线)
44	Z-建筑 1F 杂	252		0.05	建筑杂层,冻结(不打印)
45	Z-结构 1F	251		0.05	结构平面(不打印)
46	Z-建筑文字	07		0.15	建筑文字(特指:楼名、栋名、层高,用黑体字,字高 5.0)
47	Z-Basementl	07		0.15	地下室轮廓

续表

<table>
<tr><th>序号</th><th>图层名称</th><th>颜色</th><th>线　型</th><th>线　宽</th><th colspan="2">说　明</th></tr>
<tr><td>48</td><td>Z-Basemont</td><td>144</td><td></td><td>0.05</td><td colspan="2">地下室(打印时冻结)</td></tr>
<tr><td>49</td><td>Z-×××</td><td></td><td></td><td></td><td colspan="2">与建筑资料有关的图层</td></tr>
<tr><td>50</td><td>ZD-×××</td><td>21</td><td></td><td></td><td colspan="2">综合管网与电相关的图层</td></tr>
<tr><td>51</td><td>ZS-×××</td><td>243</td><td></td><td></td><td colspan="2">综合网管与水相关的图层</td></tr>
<tr><td>52</td><td>电表格</td><td>02</td><td></td><td></td><td>电表格</td><td rowspan="4">给电施提资需用电专业图层图例</td></tr>
<tr><td>53</td><td>电文字</td><td>07</td><td></td><td></td><td>电文字</td></tr>
<tr><td>54</td><td>电材料</td><td>06</td><td></td><td></td><td>电材料</td></tr>
<tr><td>55</td><td>电专业相关-×××</td><td>01</td><td></td><td></td><td>电专业相关图层</td></tr>
<tr><td>56</td><td>水表格</td><td>02</td><td></td><td></td><td>水表格</td><td rowspan="4">给水施提资需用水专业图层图例</td></tr>
<tr><td>57</td><td>水文字</td><td>07</td><td></td><td></td><td>水相关文字</td></tr>
<tr><td>58</td><td>水材料</td><td>06</td><td></td><td></td><td>水相关材料</td></tr>
<tr><td>59</td><td>水专业相关-×××</td><td>01</td><td></td><td></td><td>水专业相关图层</td></tr>
<tr><td>60</td><td>LA_DB</td><td>100</td><td></td><td>0.05</td><td colspan="2">地被(根据需要表达,一般不用)</td></tr>
<tr><td>61</td><td>LA-DB-TEXT</td><td>134</td><td></td><td>—</td><td colspan="2">地被标注(一般不用)</td></tr>
<tr><td>62</td><td>LA-DQ-deciduous</td><td>62</td><td></td><td>0.10</td><td colspan="2">大型落叶乔木</td></tr>
<tr><td>63</td><td>LA-DQ-evergreen</td><td>116</td><td></td><td>0.10</td><td colspan="2">大型常绿乔木</td></tr>
<tr><td>64</td><td>LA-DQ-TEXT</td><td>46</td><td></td><td>—</td><td colspan="2">大型乔木标注(一般不用)</td></tr>
<tr><td>65</td><td>LA-ZQ-deciduous</td><td>42</td><td></td><td>—</td><td colspan="2">小型落叶乔木(根据需要表达,一般不用)</td></tr>
<tr><td>66</td><td>LA-ZQ-evergreen</td><td>103</td><td></td><td>—</td><td colspan="2">小型常绿乔木(根据需要表达,一般不用)</td></tr>
<tr><td>67</td><td>LA-ZQ-TEXT</td><td>216</td><td></td><td>—</td><td colspan="2">小型乔木标注(一般不用)</td></tr>
<tr><td>68</td><td>LA-MW</td><td>100</td><td></td><td>0.05</td><td colspan="2">模纹花坛(根据需要表达,一般不用)</td></tr>
<tr><td>69</td><td>LA-MW-TBXT</td><td>30</td><td></td><td>—</td><td colspan="2">模纹花坛标注(根据需要表达,一般不用)</td></tr>
</table>

注:①一般总图中对应有5种线宽(加粗、粗、中粗、细、极细)、5种线型(双点画线、点画线、实线、虚线、波浪线)。线宽通常不设置,通过颜色管理线宽,如果习惯用黑色屏幕,颜色越亮越粗,反之越暗越粗。

②每个图层对应着相应的线型、颜色和制图空间。

③除植物设计为主的项目外,总图中一般只表达大乔木,故表中60、61、64~69一般不用。如果给绿施提资,习惯上要把所有无关图层(含所有植物图层、图例)清理干净,方才提交。

④并非上表中每个图层都有绘制内容,空置的图层可以在最后成图后用purge命令删除。

⑤建议建筑一层平面图进行清理后,通过"外部参照"命令插入,保留图层信息。

第3步:标注设置

按建筑总图制图规范,总图中的坐标、标高、距离宜以米为单位,并应至少取小数点后两位,不足时以"0"补齐。目前在园林景观设计中,总平面定位图放大比例后成为区域平面定位详图,为避免标注样式的不一致,很多设计机构没有执行此标准,距离是以毫米为单位。

在计算机标注样式中新建标注样式 ISO-100,具体设置如图 3.1 所示。

新建标注样式: ISO-100
线 | 符号和箭头 | 文字 | 调整 | 主单位 | 换算单位 | 公差
尺寸线
颜色(C): ByBlock
线型(L): ByBlock
线宽(G): ByBlock
超出标记(N): 0
基线间距(A): 7
隐藏: 尺寸线 1(M) 尺寸线 2(D)
延伸线
颜色(R): ByBlock
延伸线 1 的线型(I): ByBlock
延伸线 2 的线型(T): ByBlock
线宽(W): ByBlock
隐藏: 延伸线 1(1) 延伸线 2(2)
超出尺寸线(X): 2.5
起点偏移量(F): 3
固定长度的延伸线(O)
长度(E): 1
1975 2325 3929 R1564 60°
确定 取消 帮助(H)

新建标注样式: ISO-100
线 | 符号和箭头 | 文字 | 调整 | 主单位 | 换算单位 | 公差
箭头
第一个(T): 建筑标记
第二个(D): 建筑标记
引线(L): 实心闭合
箭头大小(I): 2
圆心标记
无(N)
标记(M) 2.5
直线(E)
折断标注
折断大小(B): 0.13
弧长符号
标注文字的前缀(P)
标注文字的上方(A)
无(O)
半径折弯标注
折弯角度(J): 45
线性折弯标注
折弯高度因子(F): 1.5 * 文字高度
确定 取消 帮助(H)

新建标注样式: ISO-100
线 | 符号和箭头 | 文字 | 调整 | 主单位 | 换算单位 | 公差
文字外观
文字样式(Y): Standard
文字颜色(C): ByBlock
填充颜色(L): 无
文字高度(T): 3.5
分数高度比例(H): 1
绘制文字边框(F)
文字位置
垂直(V): 上
水平(Z): 居中
观察方向(D): 从左到右
从尺寸线偏移(O): 1.5
文字对齐(A)
水平
与尺寸线对齐
ISO 标准
确定 取消 帮助(H)

新建标注样式: ISO-100
线 | 符号和箭头 | 文字 | 调整 | 主单位 | 换算单位 | 公差
调整选项(F)
如果延伸线之间没有足够的空间来放置文字和箭头，那么首先从延伸线中移出:
文字或箭头（最佳效果）
箭头
文字
文字和箭头
文字始终保持在延伸线之间
若箭头不能放在延伸线内，则将其消除
文字位置
文字不在默认位置上时，将其放置在:
尺寸线旁边(B)
尺寸线上方，带引线(L)
尺寸线上方，不带引线(O)
标注特征比例
注释性(A)
将标注缩放到布局
使用全局比例(S): 1
优化(T)
手动放置文字(P)
在延伸线之间绘制尺寸线(D)
20 23 30 R15 60°
确定 取消 帮助(H)

新建标注样式: ISO-100
线 | 符号和箭头 | 文字 | 调整 | 主单位 | 换算单位 | 公差
线性标注
单位格式(U): 小数
精度(P): 0
分数格式(M): 水平
小数分隔符(C): “.”（句点）
舍入(R): 0
前缀(X):
后缀(S):
测量单位比例
比例因子(E): 1
仅应用到布局标注
消零
前导(L)
辅单位因子(B): 100
辅单位后缀(N):
后续(T)
0 英尺(F)
0 英寸(I)
角度标注
单位格式(A): 十进制度数
精度(O): 0
消零
前导(D)
后续(N)
确定 取消 帮助(H)

图 3.1　ISO-100 标注设置

以 ISO-100 为基础样式，按总图的出图比例新建标注样式。如总图的出图比例为 1∶1 000，新建标注样式 ISO-1000，全局比例改为 10，其余设置不改（图 3.2）。园林总图常用比例有 1∶250，1∶300，1∶:500，1∶1 000，相应的全局比例为 2.5、3、5、10。

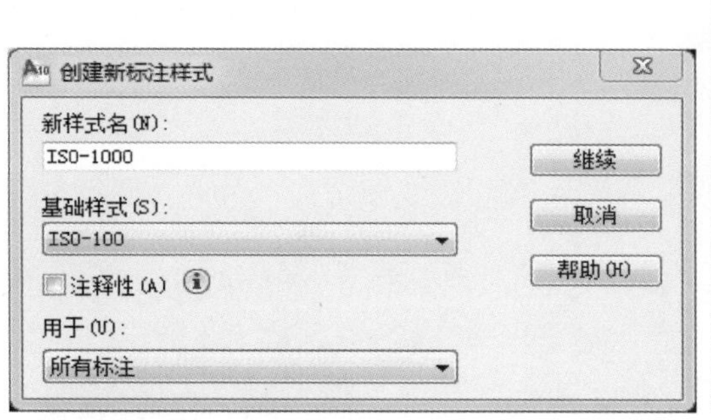

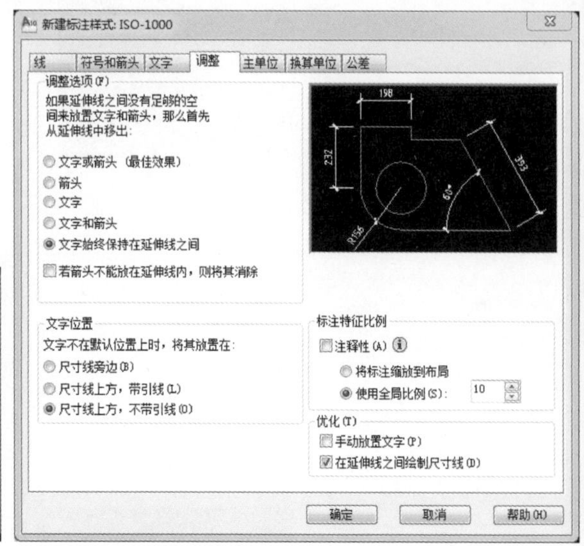

图 3.2　ISO-1000 标注设置

第 4 步：字体设置

2015 年《风景园林制图标准》中没再规定长仿宋字，但规定全套图纸字体统一，字体类型不超过 3 种。设计机构各自有规定的字体、字高、文字高宽比，各专业设计师均使用规定字体，以确保统一。除非特殊情况，否则不能在 DWG 文件中使用规定以外的字体类型。

文字设置中，颜色随层，字体参考规定见表 3.2。

表 3.2　字体规定表

字型样式	高宽比	打印字高/mm	颜　色	应　用	备　注
DIM_FONT	1	4.0	白色	详图中文字标注	
DIM-FONT	1	3.0	白色	坐标数字标注	
黑体	1	3.5	白色	设计说明标题及图纸中说明	
DIM_FONT	1	4	白色	设计说明正文及图纸中说明	

以上设置完成后，将文件命名为“绘图基本设置.dwg”存盘。

第 5 步：图框设置

各公司均有标准图框。施工图常用图幅为 A0 ~ A3，一般使用 A0、A1 绘制总图，A2、A3 绘制详图，并按专业分为不同图册，方便工程人员翻阅和携带。

将预期使用到的标准图框复制到绘图目录，更改项目名称、地点、完成时间、设计人员信息等，按规格命名存盘，如 A1.dwg、A3.dwg。

任务2　整理总平面图

项目3任务2

微课

【任务下达】

简单项目往往会省略扩初阶段，直接由方案深化到施工图。规模大、复杂程度高、品质要求高的项目须完成扩初设计后再进行施工图设计。为了教学需要，本项目由方案设计直接深化到施工图。

方案设计、扩初设计和施工图设计往往由不同的设计师完成，甚至是不同的设计机构完成，所以绘图习惯不尽相同。所以设计师要先整理总平面图，以符合公司统一的绘图标准和个人绘图习惯。

实训资料

(1)方案总平面图. dwg(可下载)。

(2)绘图基本设置. dwg(可下载)。

项目3任务2

实训资料

实训要求

(1)除表3.1给定的图层外，没有任何其他图层；

(2)所有图线、文字在其应在的图层上；

(3)所有图线的颜色、线宽跟随图层信息；

(4)所有道路线、水体轮廓线为连续线、闭合线。

【任务实施】

第1步：整理图层

①打开"方案总平面图. dwg"，清理空置图层、废块(图3.3)。

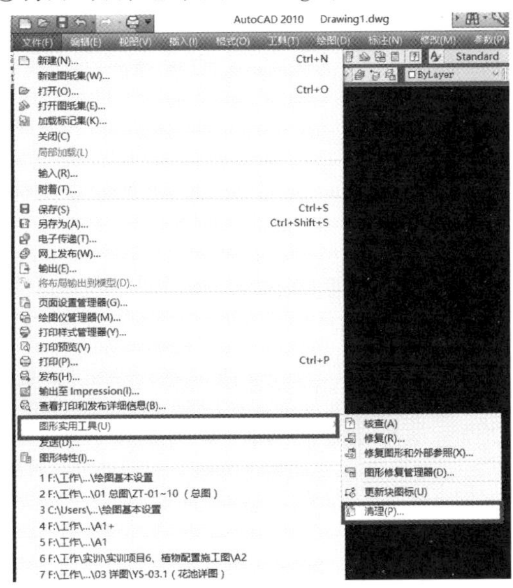

图3.3　清理图层、图块

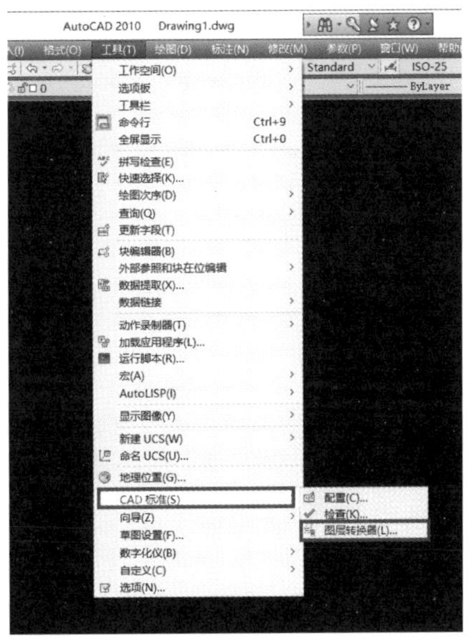

图3.4　图层映射

②图层映射(工具—CAD 标准—图层转换器),按表 3.1 要求将现方案图的图层转换为施工图标准图层(图 3.4)。

③总图根据内容分图表达,不同内容总图需要冻结某些图层,图层归属一定要明确,必须逐层检查图线是否在所对应的图层上。

第 2 步:检查路网

①检查消防道、消防扑救面、回车场;

②检查道路线是否为闭合线;

③如果车行道为立道牙,需检查道路交叉路口道牙设置是否正确;

④检查台阶坡道。

相关规范:

消防车道的宽度不应小于4.00 m,距高层建筑外墙宜大于5.00 m,消防车道上空4.00 m以下不应有障碍物。

低层、多层、中高层住宅的居住区内宜设有消防车道,其转弯半径不应小于9 m。高层住宅的周围应设有环形车道,其转弯半径不应小于12 m。

高层住宅应在登高面一侧,结合消防车道设置不少于一块的消防登高场地,每块消防登高场地面积不应小于15 m×8 m,距住宅的外墙不宜小于5 m,且不能大于15 m。

建筑的消防车道以中粗线表示路宽、形状、走向,并以文字标识;隐形消防车道用虚线示出,消防扑救面以虚线示出(图 3.5)。

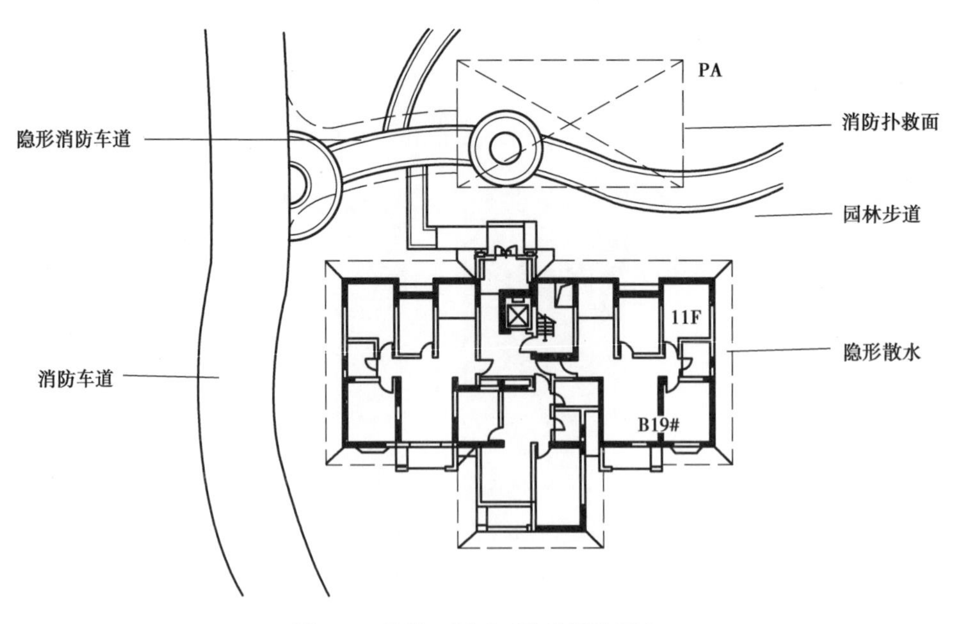

图 3.5 建筑一层平面作为设计图底

相关规范：

台阶踏步数不应少于2级，当高差不足2级时，应按坡道设置；台阶每梯段应少于18步，多于18步应设休息平台。

城市道路景观带及周边道路、公共活动广场、交通集散广场均要求无障碍设计；城市中的各类公园，包括综合公园、社区公园、专类公园、带状公园、街旁绿地、附属绿地中的开放式绿地、对公众开放的其他绿地均要求无障碍设计，无障碍游览支园路应能连接主要景点，并和无障碍游览主园路相连，形成环路；居住绿地内出入口、游步道、体育设施、儿童游乐场、休闲广场、健身运动场、公共厕所等均应进行无障碍设计，基地地坪坡度不大于5%的居住绿地均应满足无障碍要求，地坪坡度大于5%的居住区，应至少设置1个满足无障碍要求的居住绿地。

第3步：整理建筑底图

原有的道路、地形、房屋、园建，或者市政、建筑专业已规划好的道路地形条件等，凡园林设计中需要保持原样的部分均需在总图上标示，因为不属于园林设计的内容，一般以其轮廓投影线用最细的实线表示，并标注文字，图2.2中现状民房。

以建筑为主的场地，如学校、住宅区、办公楼区、商业区、工厂区等，其园林施工图设计一般是在建筑施工图设计完成后进行，建筑设计是景观施工图设计的重要依据。一般建筑的一层设出入口直接与室外园林相通，因此，园林总平面图中往往将建筑一层平面图作为园林图底（图3.5）。施工图中很少用建筑屋顶轮廓投影线作为园林总图的图底。

建筑底层平面图图线部分全部以极细实线表示，建筑内部的门窗编号、房间名称、尺寸标注等都应删去（图3.5），以便使园林设计内容成为图形主角，层次分明。建筑的散水线一定要保留，做隐形散水时，散水线用虚线。

第4步：整理设计图线

1）园林景观建筑

总图中新建园林建筑通常表达一层平面，但须标示出屋顶投影线（图3.6），并标注轮廓尺寸、名称，如景观亭、大门等。

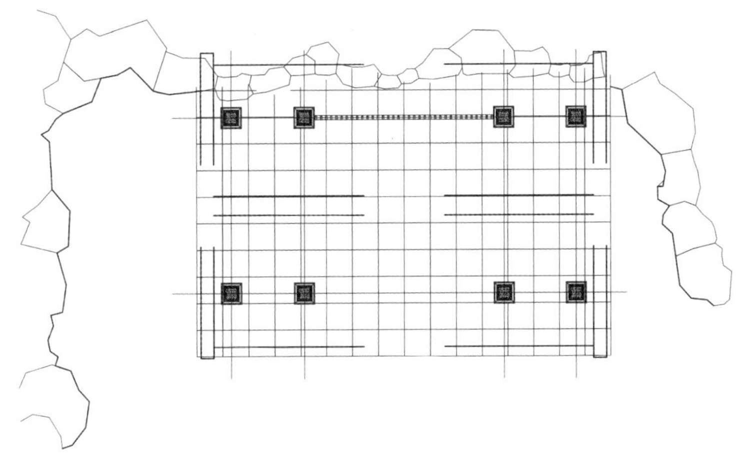

图3.6　园林建筑平面图

2）水景轮廓线

自然式水景如溪流、湖泊，绘出其驳岸轮廓线，岸线用加粗实线表示（图 3.7），如其驳岸是斜面入水，可分别绘出斜面最高岸线和常水位线；规则式水池绘出其内外壁轮廓线。

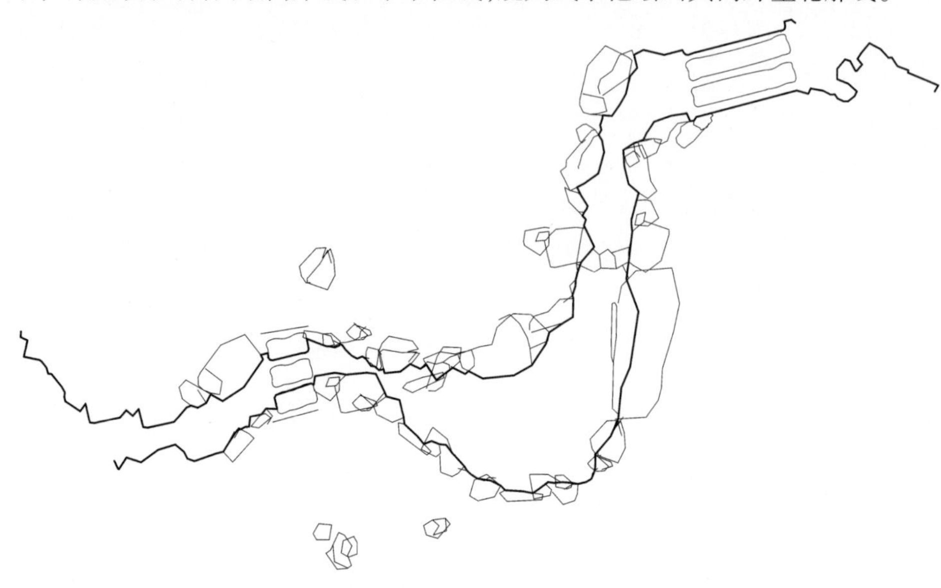

图 3.7　水体岸线

3）小品轮廓线

园林小品数量众多、布置分散，一定要注意为其命名，以免索引时互相混淆或找不到对应物。重要园林建筑如门楼、亭廊等画一层平面，小品如树池、花池、景墙等用细实线或中粗线绘制。

4）道路中心线、场地边线

道路中心线用细点画线表示；平道牙外轮廓线用中粗实线[图 3.8(a)]，立道牙外轮廓线为细实线，内轮廓线用中粗实线绘制[图 3.8(b)]绘制。

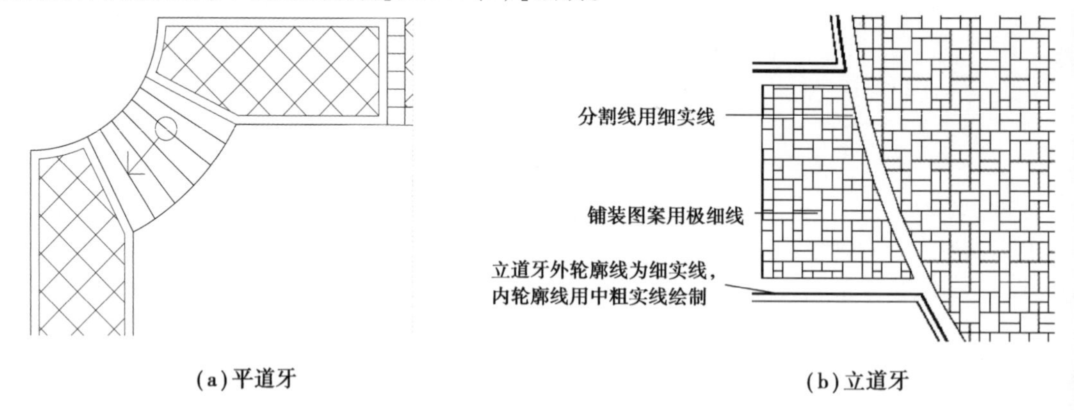

(a) 平道牙　(b) 立道牙

图 3.8　道路的图线

硬质铺装场地，如运动场、小广场应绘出其边界线和内部铺装分隔线。边线用中粗实线，内部铺装分隔线用细实线。

5)地形等高线

地形是园林设计的重要元素,以细虚线绘出等高线,此阶段暂不标注高程值,在竖向设计图中标(图3.9)。景观设计师在竖向设计阶段解决场地高差问题和空间塑造,植物设计师可以根据植物种植要求进行地形调整,但调整后一定要反馈给景观设计师,景观设计师再调整竖向设计施工图和其他相关图纸。

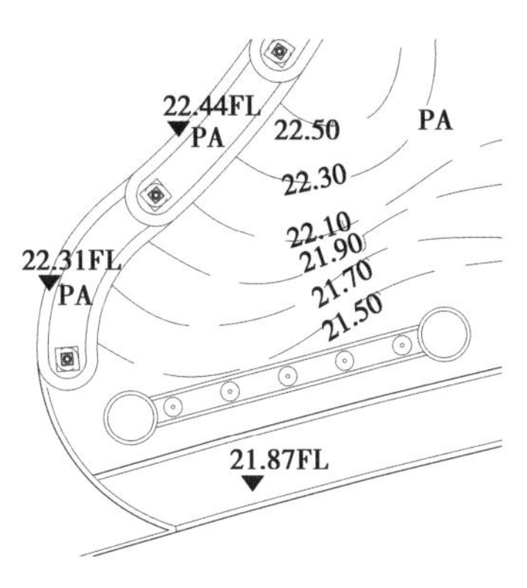

图3.9　微地形等高线

第5步:检查总图文字部分

整理完成的方案总平面图,冻结所有尺寸标注、文字标注和植物图层,命名为:"base. dwg"。因所有单项总图均在此图基础上完成,所以使用"外部参照"命令可以减少重复修改,避免修改遗漏。如需修改,可用"在位编辑"命令。

任务3　绘制总平面分区图

项目3任务3、4微课

【任务下达】

对于面积较大、内容较复杂的总平面,通常需要分图绘制。本任务需把总平面图按一定的逻辑,划分为若干个区域,并编号命名。分区方式可以依据功能分区、空间布局、路网结构,也可以依据布图需要,还可以按项目开发建设顺序。

实训资料

(1)任务2完成的"base. dwg";

(2)任务1完成的"A1. dwg"。

实训要求

(1)分区有利于平面布图和图纸内容规划;

(2)分区界限明确,区域没有重叠、遗漏。

【任务实施】

由于园林总平面图需要表达的内容、细节很多,一般设计比例小于1∶500时,标注会重叠混乱。为了清楚地表达设计内容,总平面图的比例一般控制在1∶300以上。如果总平面图图纸图幅选用A0时还达不到,或者不计划用过大图幅,则需要分区表达,即将总平面图划分为若干分区平面图,如A区、B区、C区、D区等,或者其他命名方式如Ⅰ区、Ⅱ区、Ⅲ区等。分区的原则是分割开的区域,其放线、竖向、铺装索引、种植等相对独立、完整(图3.10)。分图线向外扩1~5 m为截图线(外扩尺寸以完整表达为原则,但每个项目应统一。

绘图步骤如下。

第1步:新建文件

打开"绘图基本设置. dwg",外部参照插入"base. dwg"。注意总图应按上北下南方向绘制。根据场地形状或布局,可向左或右偏转,但不宜超45°。另存为"某庭院总平面施工图. dwg"。

第2步:坐标位置设置

方法一:移动总图到指定坐标点,如已知的道路中心点A坐标为"X = 2764. 235, Y =

9876.275”,即将全图以 A 点为基点,移动到 9876.275,2764.235。

图3.10　总平面分区图

注:图中 X 为南北方向轴线,X 的增量在 Y 轴线上;Y 为东西方向轴线,Y 的增量在 X 轴线上。同理,坐标中 A 为南北方向轴线,A 的增量在 Y 轴线上;B 为东西方向轴线,B 的增量在 X 轴线上。

方法二:天正建筑软件中,调整系统坐标系,操作步骤见图 3.11。CAD 中也可以用 UCS 设置坐标原点。

第 3 步:图纸空间设置

①将“布局 1”重命名为“分区平面图”;

②在页面设置管理器中设置图幅为 A1,比例设为 1∶1(图 3.12)。

第 4 步:图纸设置

①插入图框:在该布局中,当前图层设为“AC-TITLE”图层,外部参照“A1.dwg”;

②插入指北针:一般方案平面里有指北针,将它插入在“DIM_SYMB”图层;

③书写图名:用黑体 9 号字书写图名,用 DIM-FONT 5 号字书写比例,注意图名、比例、图纸编号不能用“在位编辑”。

注意:总图中风玫瑰、指北针、图名、比例、文字标注、文字说明、图例等均为齐备,在施工图总图绘制中,这些均在图纸空间绘制,后面不再赘述。

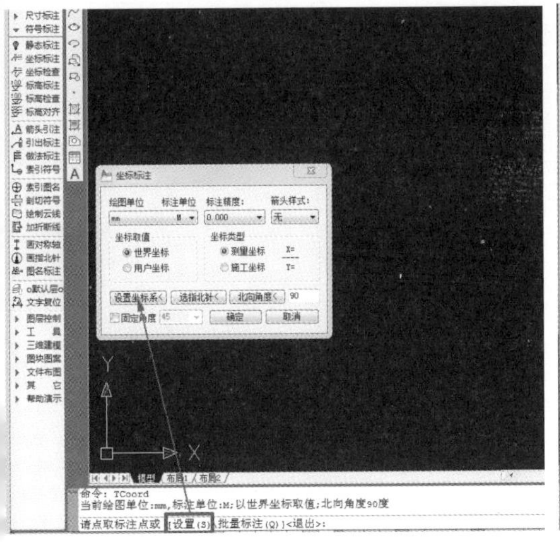

(a)打开坐标系设置对话框，单击“设置坐标系”

X=121612.139
Y=238425.091
命令: *取消*
命令: TCoord
当前绘图单位:M,标注单位:M;以世界坐标取值;北向角度90度
请点取标注点或 [设置(S)\批量标注(Q)]<退出>:S
点取参考点:

(b)点取参考点，单击图中已经有的一个坐标点

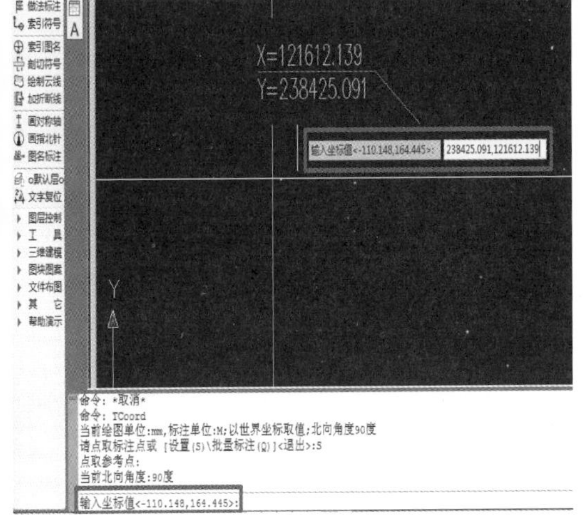

(c)输入这个点正确的坐标值，先输*Y*，再输*X*

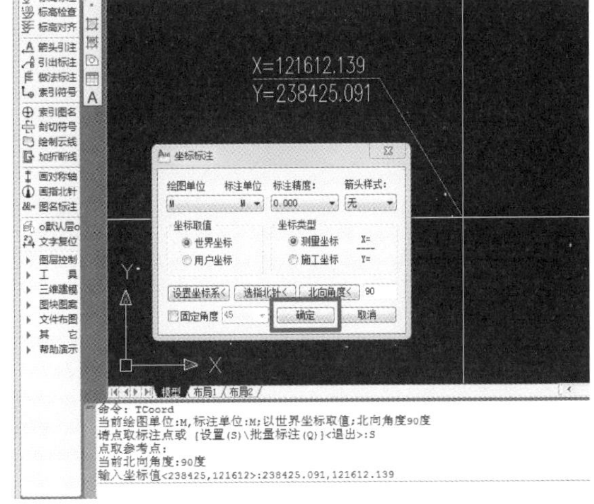

(d)在弹出的对话框单击“确定”按钮

图3.11　调整系统坐标系

第5步:绘图

①模型空间,将“0-拼图线”设为当前图层,用多义线(PL)绘制分区图框线。分区图框线须闭合,各分区界限明确,不遗漏不重叠。

②切换到“分区平面图”布局,将“0-mv” 设为当前图层,插入视口,视口框尽量大,显示全部设计范围,在特性中设置视口比例(即绘图比例),比例取整数即可,设置视口显示锁定。

③在模型空间,“0-拼图线”设为当前图层,绘制分区线;在“分区平面图”布局中,用黑体7号字标注各分区编号,编号可用大写英文字母,避免I、O、Z等字母,也可用罗马数字Ⅰ、Ⅱ、Ⅲ……

第6步:打印设置

此步骤通常不需要做,只有视口中出现无需打印图层(如植物、标注等)时才需设置。双击进入视口,点击“图层设置”,将分区图中不需要打印的图层设置为 “视口冻结”(图3.13),注意不是“图层冻结”。最后保存文件,完成任务3。

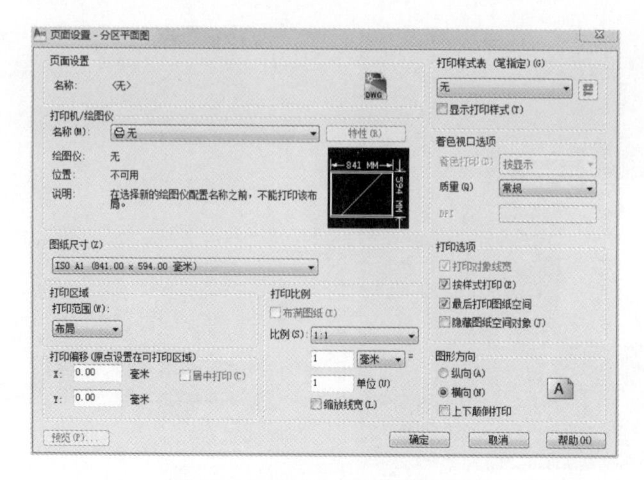

图 3.12　图纸空间的页面设置

当前图层：0-WALL　　视口冻结　　搜索图层

状	名称	开.	冻结	锁...	颜色	线型	线宽	打印...	打.	新.	视口冻结	视口...	视口线型	视口线宽	视口...
✓	0-WALL				青	Continu...	默认	Color_4				青	Continu...	默认	Color_4
	0				白	Continu...	默认	Color_7				白	Continu...	默认	Color_7
	尺寸标注				绿	Continu...	默认	Color_3				绿	Continu...	默认	Color_3
	WINDO...				白	Continu...	默认	Color_7				白	Continu...	默认	Color_7
	F				31	Continu...	默认	Color...				31	Continu...	默认	Color...
	DOOR				红	Continu...	默认	Color_1				红	Continu...	默认	Color_1
	Defpoints				白	Continu...	默认	Color_7				白	Continu...	默认	Color_7

图 3.13　视口冻结

任务 4　绘制总平面索引图

【任务下达】

索引总平面图相当于“地图版”的目录，如同整套图的导视系统，它在总图中标示所有硬质景观元素的详图所在的页码和位置，方便预算员、施工员读图和查找图纸。此任务可以帮助设计师梳理详图部分的工作任务、预估工作量，提前做好人员和时间安排。此图在任务 4 中仅完成预索引，待所有图绘制完成后，在项目 9 中完善。

实训资料

任务 3 已完成的“某庭院总平面施工图. dwg”。

实训要求

(1) 全面周详的索引图有利于工作安排和时间规划。

(2) 索引标注规范、图面布局美观。

【任务实施】

在索引总平面图中，索引分为平面索引和剖面索引。如图 3.14 所示，入口水景、旗杆等需要绘制大比例平面，再在大比例平面上索引相关断面和构造详图，所以在总图中做平面索引，即把需要放大绘制的部分用粗虚线框出，添加索引号。图中，道牙无须绘制大比例平面，须绘制大比例断面图，以表达构造做法，故采用剖面索引符号。

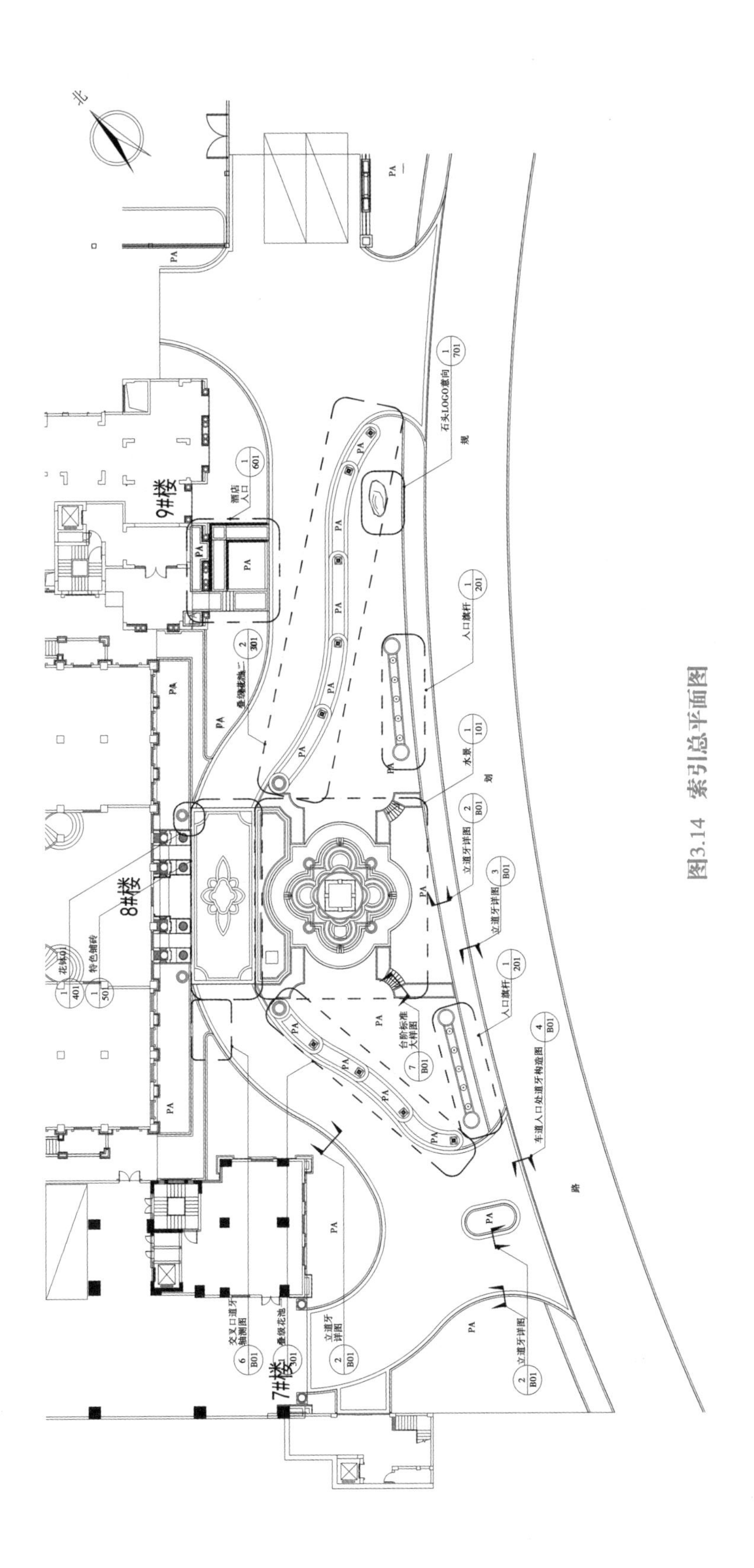

图3.14　索引总平面图

绘图步骤如下。

第 1 步:图纸设置

①复制布局“分区平面图”,重命名为“索引平面图”,修改图框内和图下方的图名;

②双击进入视口(注意是在图纸空间设置,不是在模型空间设置),将图层“0-拼图线”视口冻结。

第 2 步:绘图

①将图层“DIM_IDEN”设为当前图层,在模型空间中绘制索引框。

所有构筑物均需绘制施工详图,如大门、亭、廊、花架、岗亭、公共洗手间、售卖亭、桥、景墙、围墙、水池、花池、树池、假山等需要平面索引。驳岸、护坡等需要剖面索引。如果计划绘制铺装总平面图,铺装、道牙等大样可以在铺装总图中索引,在此图中不表达。

②在布局“索引平面图”中绘制索引号,标注索引文字和图号,图号暂留白,待所有图完成、图纸按序编排好后再填写。本项目统一采用“绘图基本设置. dwg”布局中提供的索引号样式。

任务 5　绘制 A 区总平面定位图

项目 3 任务 5 微课

【任务下达】

总平面定位图是总图中难度较大的环节,它是施工定位放线的依据。施工图的定位方式与施工放线方法息息相关。所以,首先要确定既满足定位精度要求又方便施工定位的方式,然后依次完成项目用地边界定位、建筑物定位、主轴线定位、道路广场定位、构筑物定位。

定位总平面图主要标注各设计单元、设计元素的定位尺寸和外轮廓总体尺寸。轴线尺寸和细部尺寸在其放大平面图或详图中表达。定位标注明确了设计对象在建设用地范围内的施工位置;定形标注规定了设计对象的尺寸大小;总体尺寸让人一目了然设计对象的尺度。

定位总平面图中应说明所用的单位,一般 1∶1 000 的总图会用 m 为单位进行标注,1∶500 或更大的总图(园林常用)用 mm 为单位。以 m 为单位时标注保留两位小数,以 mm 为单位时,精确到个位,但个位、十位一般为 0 或 5。

实训资料

任务 3 已完成的“某庭院总平面施工图. dwg”。

实训要求

(1)选择利于施工放线的定位方式;

(2)定位标注完整;

(3)标注规范、图面整洁美观。

【任务实施】

第 1 步:网格定位

对于不规则形,施工放线精准度要求不高的自由曲线,用网格定位比较快捷。

①复制布局“分区平面图”,并将其重命名为“A 区网格定位”,修改图框内和图下方的

图名。

②视口比例设为1:200,视口显示A区区域。

③双击进入视口,将图层“0-拼图线”视口冻结。

④确定采用城市坐标网还是施工坐标网定位。

为便于施工放线,一般情况下当图纸中没有城市坐标标注时才用施工坐标网标注。但当场地中主要轴线、道路系统虽然是方格网状,但不是正南北向时,用施工坐标网放线更方便。

⑤确定网格放线原点:当采用城市坐标网时,无坐标原点,坐标网绘制坐标整数位。当采用施工坐标网定位时,(0,0)点宜设在市政道路中心线交点、已建建筑角点等有确定城市坐标、方便放线的位置。如果以待建广场中心点、待建建筑角点为原点时,须标注该点的城市坐标或标注与现有建筑、道路的相对位置尺寸等。

相关知识:

城市测量坐标网　是由各城市测绘部门在大地上测设的,一般为城市坐标系统。建设方在取得用地规划许可时就会得到该建设用地的城市测量坐标。城市测量坐标网应画成交叉十字线,直角坐标轴由x,y表示,x轴表示南北方向,y轴表示东西方向。方格网线上下、左右两端应标注数字,如A10,B10,并应以文字说明方格网的间距。坐标网格一般选用灰色、细实线表示。

施工坐标网　以工程范围内的某一确定点为“零”点,如建筑物的某个角点或明确其城市坐标的某个特殊点。每单项目施工坐标方格网只适用于该项目,坐标网应画成网格通线,其轴线用A、B表示,坐标值为负数时,应注“-”号,为正数时,“+”号可省略。可以与指北针平行也可以不平行,以方便定位为准。施工坐标方格网用互相垂直的细虚线表示,格网的密度根据场地范围大小和设计的复杂程度确定,如10 m×10 m、5 m×5 m、1 m×1 m。

拓展知识:

北京54坐标系　我国于1954年完成了北京天文原点的测定工作,解决了克拉索夫斯椭球的定位问题,国内测图用的大地点坐标均由北京天文原点起始推算,经高斯—克吕格投影,建立了我国基本比例尺地形图的直角坐标系——1954年北京坐标系。

西安80坐标系　我国于1980年完成了位于陕西省经阳县大地原点的测定工作。80西安坐标系采用了椭球参数精度较高的IAG—75椭球,椭球定位后与我国大地水准面吻合较好,同时使用我国先进的天文大地网平差方案,归算严格,精度高。

⑥绘制坐标网:网格的密度取决于对施工放线精度的要求,施工放线精度要求越高,网格越密。一般住宅区景观放线网格取2~3 m,城市公园取5 m,郊野公园或风景区取10 m以上。每一段弧线与网格有3个以上交点时方能准确放线。

在模型空间,“0-网格”设为当前图层,绘制2 m网格。网格每5根设大网格线,大网格设为5号色、2 m的小网格设为8号色。

⑦标注坐标网:城市测量坐标网用x轴表示南北方向,y轴表示东西方向,后面的编号表达该点与原点南北向距离或东西向距离,以m为单位,个位为5的整数倍。测量坐标网用A、B标注,后面的编号表达该点与原点A方向距离或B方向距离,以m为单位。无论哪种方式,一般

每5格标注编号。

第2步：项目红线、围墙、建筑物定位

方格网控制曲线的大致形态，坐标定位确定关键点位置。项目边界、建筑物定位需要精确定位，所以宜采用坐标定位法。

①复制布局“A区网格定位”，重命名为“A区定位”，修改图框内和图下方的图名；

②双击进入视口，将图层“0-网格”视口冻结，设“DIM_COOR”为当前图层（坐标标注在“DIM_COOR”图层，尺寸标注在“PUE_DIM”图层，天正命令画图会自动存在相应图层）；

③沿地块红线，所有转折处须标坐标（图2.2）；

④建筑物需定位4个角定位坐标（图3.15），出入口可以用尺寸定位。

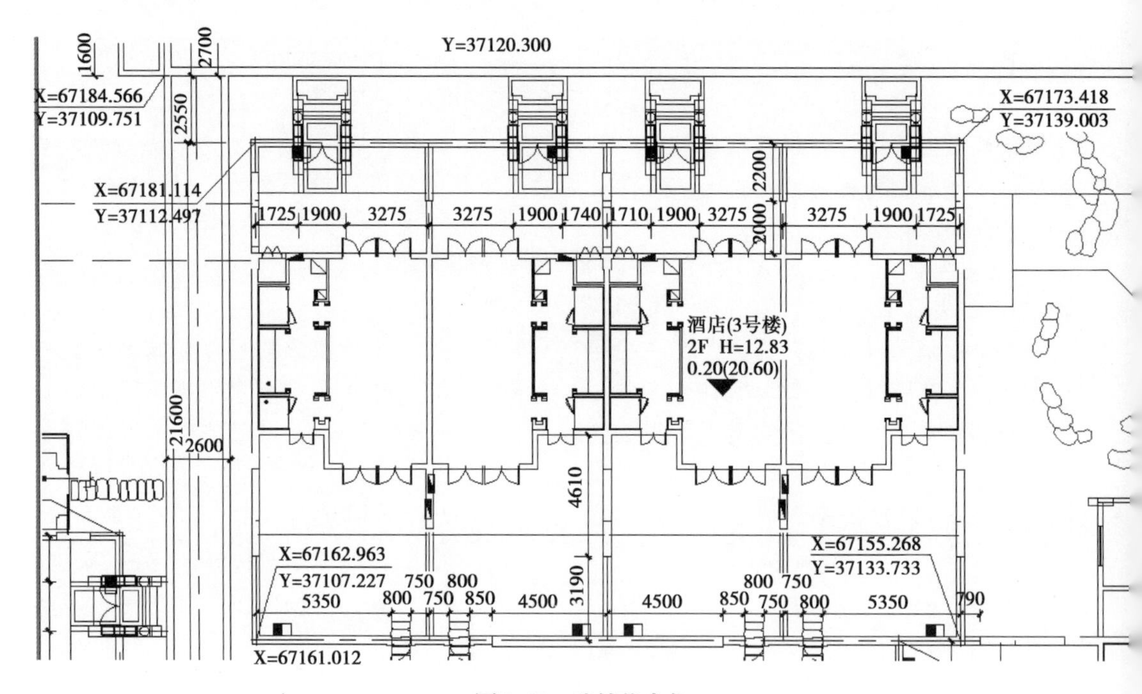

图3.15 建筑物定位

相关经验：

在对称构图的园林景观中，景观轴通常情况下为空间的中线，是全园的“景观脊柱”，它的定位非常重要，所以通常采用坐标定位和尺寸标注相结合。

景观轴定位需要标注景观主轴线起点（通常是与市政路交点、大门中点）、主轴线上广场中心点、与主轴线相交的道路节点的坐标。如果景观主轴是南北向的，则这些坐标的 Y 值应相同；如果景观主轴是东西向的，则其 X 值应相同；当景观主轴斜向时，应在景观轴起点处标注与水平线的夹角。

为了避免现场施工误差带来轴线偏位，景观轴线的定位除了坐标定位，还需标注景观轴与两侧构筑物的距离。

第3步：道路、广场的定位定形

①确定道路放线的起始点。居住小区、办公区、学校等道路放线一般以小区道路与市政路

接入点、小区入口中心线、已确定的建筑物为依据。

②道路定位从上述关键节点开始,用坐标标注法“顺藤摸瓜”依次标出每条道路的起点、转弯点、交叉点坐标(图3.16)。

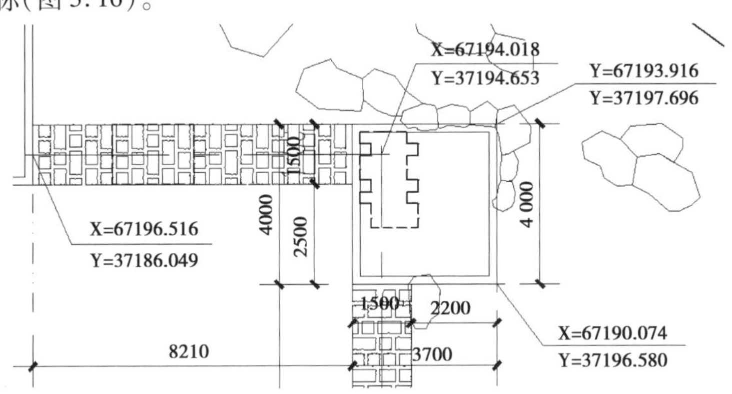

图3.16　道路定位

③标注每条道路宽度、与相邻平行建筑的间距。停车场、消防道路、消防扑救面距建筑物的距离(图3.17)须在图中明确标出。

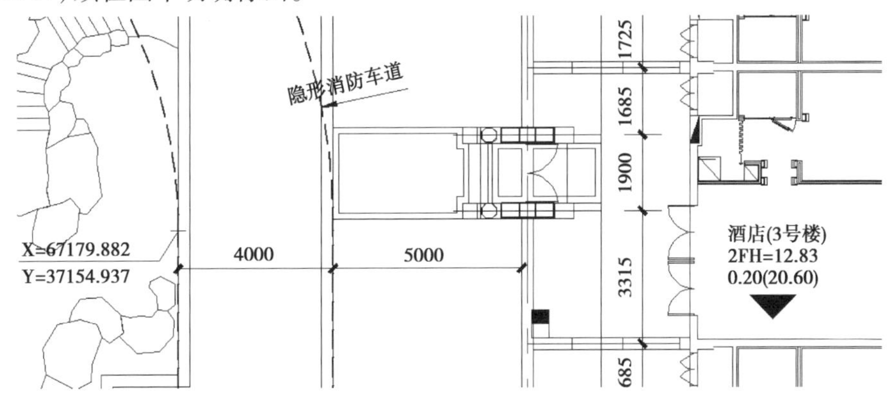

图3.17　消防道路定位

消防车道的净宽和净空高度都不应小于4 m。环形消防车道至少有两处与其他车道连通;尽头式消防车道须设回车场或回车道。回车场不小于12 m×12 m;高层建筑的消防回车场不小于15 m×15 m;供大型消防车使用的回车场不小于18 m×18 m。

普通消防车道的转弯内径为12 m,外径16 m。

④标注所有道路转弯半径。如果直线形道路转弯,只需标出转弯半径(图3.18)。如果是曲线形道路,则需标出圆心坐标(图3.19)。园区内所有宽度≥0.9 m的道路、停车场、隐形消防车道、消防扑救面均需要定位、定形。

⑤标出各广场中心点坐标。圆形广场标注半径,方形广场标注边长,椭圆广场标注长轴、短轴,异形广场标注外轮廓线坐标。

第4步:构筑物的定位定形

景观建筑小品、构筑物定位坐标须标注其地面部分的柱或墙,不能标屋顶和基础。平面形状不规则的构筑物宜注其每个角的坐标,如景观建筑小品、构筑物为基本几何形,且与坐标轴平行,可仅标注其对角坐标。

景观建筑小品、构筑物、铁路、道路、管线等应标注下列部位的坐标或定位尺寸：

①建筑物、构筑物的定位轴线(或外墙面)或其交点(图 3.20)；

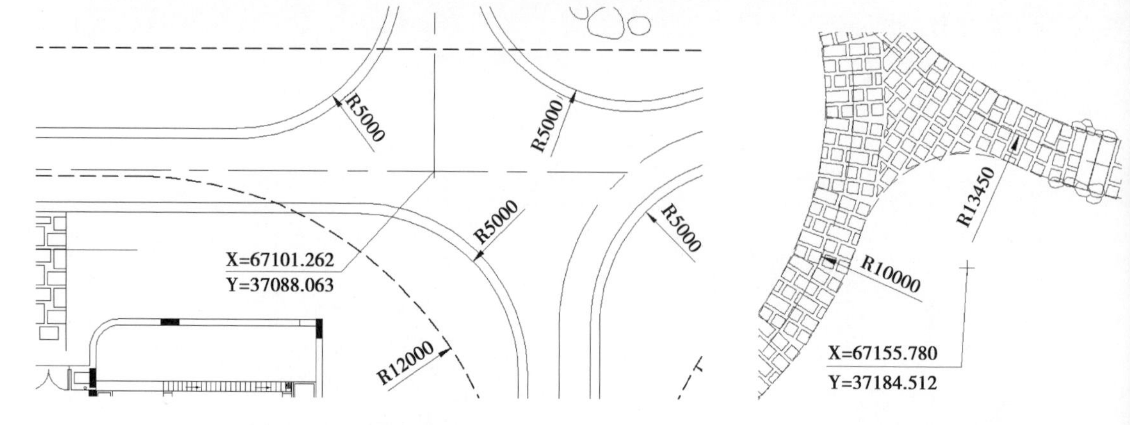

图 3.18　直角弯道标注

图 3.19　曲线弯道标注

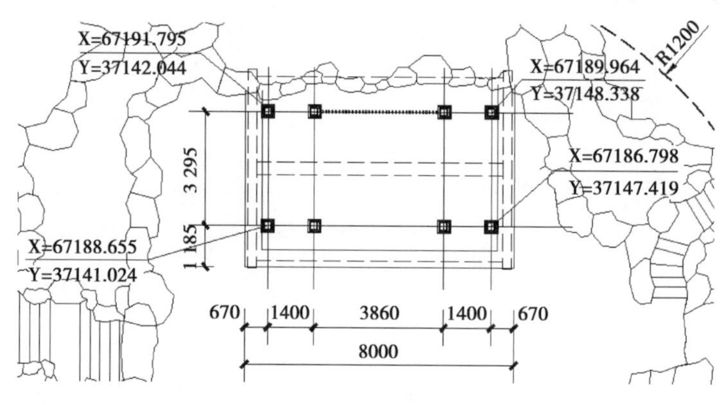

图 3.20　构筑物定位

②圆形建筑物、构筑物的中心坐标，最外侧半径；

③带状走廊的中线或其交点坐标，走廊宽度、各段长度；

④挡土墙墙顶外缘边缘线或转折点坐标；

⑤规则平面的山石、水体均按上述方法定位，非规则的山石水体则用网格定位、坐标定位。

任务 6　绘制 A 区总平面竖向设计图

项目 3 任务 6 微课

【任务下达】

竖向设计是指按场地自然状况、工程特点和使用要求所作的设计，包括场地和道路标高设计、建筑物室内外高差设计、绿地标高设计等。其一方面可营造舒适宜人的环境，另一方面可解决场地排水问题。竖向设计合理与否，不仅影响整个基地的景观质量也影响后期使用的舒适与管理，同时还直接影响建设过程中的土石方工程量。

竖向设计要解决以下问题：景观要求的高低关系(如山高、水深)；建筑物、构筑物所在地位置的高程；车行道和人行道的通达方便(纵坡度、竖向曲线、水平曲率、转弯半径等)，并注意与周边城市道路的联系顺接；场地的坡度及雨水排放；防洪，防潮等防自然灾害的要求；做到土方挖填平衡（少挖、少填、少弃、少补的原则）；保护生态平衡等。所以设计图需包含以下内容：

①场地四邻的道路、铁路、河渠和地面的关键性标高。道路标高为中心线控制标高，尤其是与本工程入口相接处的标高；

②建筑一层与 +0.000 地面标高相应的绝对标高、室外地面设计标高。建筑出入口与室外地面要注意标高的平顺衔接；

③广场、停车场、运动场地的设计标高，以及水景、地形、台地、院落的控制性标高，水体的常水位、最高水位与最低水位、水底标高等；

④挡土墙、护坡土坎顶部和底部的设计标高和坡度；

⑤道路、排水沟的起点、变坡点、转折点、终点的设计标高（路面中心和排水沟顶及沟底），两控制点间的纵坡度、纵坡距，道路标明双坡面、单坡面、立道牙或平道牙，必要时标明道路平曲线和竖曲线要素；

⑥用坡向箭头标明地面坡向，当对场地平整要求严格或地形起伏较大时，可用设计等高线表示；人工地形如山体和水体标明等高线、等深线或控制点标高；

⑦景观构筑物（景墙、花池、树池等）完成面标高。

按实训步骤完成 A 区施工图竖向设计。

实训资料

（1）任务 5 已完成的“某庭院总平面施工图. dwg”。

（2）方案竖向设计图。

实训要求

（1）道路广场与项目周边道路标高衔接正确，建筑出入口预留足够的室内外高差。

（2）道路路面排水方向、排水坡度、排水措施合理。

（3）绿地中尽量避免凹地，绿地坡度合理。

（4）水体深度符合排水要求。

（5）景观建筑标注地面标高，构筑物顶表面标高与大样图一致。

（6）标注规范、图面整洁美观。

【任务实施】

第 1 步：道路、广场竖向设计

场地设计前的原地形图，一般甲方会连同设计任务书一同提供，地形图是园林竖向设计的图底和依据，一般以极细线表达。

①复制 “A 区网格定位”，更名为“A 区竖向总图”，改图框内和图下方的图名，将图层“0-网格”视口冻结，“DIM_ELEV”设为当前图层；

②确定场地内排水方向，预估排水坡度。根据场地周边市政道路标高、等高线，找出场地内最高点和最低点，地形起伏变化的关键点。根据高差和距离，预估场地坡度，确定场地内是否有高差变化大需要做挡土墙或护坡的地方，尽量避免出现凹地。检查坡度是否符合表 3.3 要求。

表3.3 各类地表的排水坡度

地表类型		最大坡度	最小坡度	最适坡度
草地		33	1.0	1.5~10
运动草地		2	0.5	1
栽植地表		视土质而定	0.5	3~5
铺装场地	平原地区	1	0.3	—
	丘陵地区	3	0.3	—

③将方案图中已确定的标高绘在施工图上,检查标高是否合理。根据地形现状高程,从路面的最低点开始,依次推算主要道路中心线交点处、转弯处标高,并用标高法标注所有道路起始点、交接点、变坡点、转弯点。场地周边市政道路的高程,是场地内道路与整个场地竖向控制高程设计的条件、依据和控制高程。

④根据建筑室内标高推算建筑出入口处的室外标高(表3.4)。

表3.4 建筑物室内外地坪的最小高差

建筑类型	最小高差/m	建筑类型	最小高差/m
宿舍、住宅	0.15~0.45	学校、医院	0.60~0.90
办公楼	0.50~0.60	沉降明显的大型建筑物	0.30~0.6
一般工厂车间	0.15	重载仓库	0.30

注:在软弱土壤地区,最小差值宜取上限。

如果是居住建筑、办公建筑、公共建筑,室内外高差应≥0.3 m,一般为0.45 m,即室内标高减0.45为出入口处室外标高。商业建筑、临街商铺等,室内外高差不宜超过0.1 m。

⑤优化调整标高设计,按场地已推算出的主要道路标高,标注每两个标高点之间的距离、排水方向和坡度、踏步标高及方向,须注意消防车道最大坡度8%。

⑥台阶、无障碍坡道标注。台阶须标注每梯段平台标高、级数、下行箭头。无障碍坡道需标注最高点、最低点、中间平台标高,各坡段坡度和坡长。

相关规范:

台阶设置应符合下列规定:①公共建筑室内外台阶踏步宽度不宜小于0.3 m,踏步高度不宜大于0.15 m,并不宜小于0.1 m,踏步应防滑。室内台阶踏步数不应少于2级,当高差不足2级时,应按坡道设置;②人流密集的场所台阶高度超过0.70 m并侧面临空时,应有防护设施。

坡道设置应符合下列规定:①室内坡道坡度不宜大于1:8,室外坡道坡度不宜大于1:10;②室内坡道水平投影长度超过15 m时,宜设休息平台,平台宽度应根据使用功能或设备尺寸缓冲空间而定;③供轮椅使用的坡道不应大于1:12,困难地段不应大于1:8;④自行车推行坡道每段长不宜超过6 m,坡度不宜大于1:5;⑤坡道应采取防滑措施。

第 2 步：绿地竖向设计

等高线的等高距应按表 3.5 设置，同一区域的同一种比例尺地形图，宜采用一种基本等高距，同一幅图不得采用两种基本等高距。住宅区微地形设计中，等高距可采用 0.2～0.5 m。

表 3.5　地形图的基本等高距

单位：m

比例尺 / 基本等高距 / 地形类型	1∶500	1∶1 000	1∶2 000
平地	0.5	0.5	0.5、1
丘陵地	0.5	0.5、1	1
山地	0.5、1	1	2
高山地	1	1、2	2

①根据周边道路标高，调整、绘制等高线，尽量体现方案空间塑造的意图；

②标注绿地内最高点标高和凹地最低点标高；

注：现很多设计机构绿地的微地形设计由植物配置设计师结合植物造景完成。

③标注等高线高程；

④标注绿地内步道的最高点、转弯点、与主道接口处标高；

⑤标注绿地内园林建筑小品（亭、廊、花架等）的地面标高。

第 3 步：水体竖向设计

①标注水池水面及水底标高；

②标注瀑布水口标高、跌瀑每段标高。

第 4 步：构筑物竖向设计

（1）标注所有花池、树池顶面标高。具有座凳功能的花池树池，高度为 40～45 cm，可根据饰面砖尺寸和压顶厚度推算具体高度；

（2）标注景墙最高点标高。如果景墙有多个顶面，需分别标注。同样需要根据饰面砖尺寸和压顶厚度推算具体高度；

（3）标注假山最高点标高。如果是假山群，需标注各控制点标高；

（4）标注景亭、廊架、岗亭、垃圾站、变电房、地下车库出入口等构筑物地面标高。岗亭、变电房地面标高通常比现状标高高 10 cm 左右，景亭、廊架、垃圾站等比周边道路高 3～5 cm，坡道衔接。

任务 7　绘制 A 区铺装总平面图

项目 3 任务 7 微课

【任务下达】

铺装总平面图是景观设计的重要组成元素。铺装设计需要设计师对铺装材料、构造、工艺非常熟悉。在铺装总平面图中，不仅需要标注主要面层材料，还需按方案铺装图案和材料规格绘制图样。方案未表达清楚部分，需按方案风格和铺装意向图进行二次设计。

实训资料

（1）任务6已完成的“某庭院总平面施工图.dwg”；

（2）方案中相关效果图（可下载）；

（3）方案铺装选材意向图（可下载）。

实训要求

（1）铺装图案、质感、色彩忠实于方案设计；

（2）铺装材料的材质、规格、工艺，在尽量忠实于方案的同时，还需考虑采购、价格、施工难度等综合因素；

（3）标注规范、图面整洁美观。

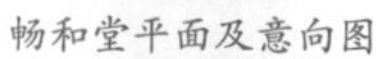

畅和堂效果图2

万卷山房效果图1

万卷山房效果图2

万卷山房效果图3

万卷山房效果图4

铺装意向图

【任务实施】

第1步：图纸设置

复制布局“A区网格定位”，更名为“A区铺装总图”，修改图框内和图下方的图名，将图层“0-网格”视口冻结。

第2步：绘图

常规情况下，方案设计标示主要铺装材料的颜色、材质，初步设计阶段标示主要铺装材料的颜色、规格、材质，施工图阶段平面图应核实、补充所有铺装材料颜色、规格、材质、工艺。工艺包括材料表面加工工艺和施工工艺。材料表面加工工艺如天然石材光面、荔枝面、自然面等，施工工艺主要指铺设方式，如密缝或留缝、错缝或齐缝、平铺或侧砌等。

①将“PUE_HATCH”设为当前图层。方案中铺装是意向表达，施工图往往需要依据方案铺装设计风格、材料拼接图案和尺度比例重新绘制。特别是块料铺装，须按场地尺寸计算材料规格，并按材料的真实尺寸绘制。另外，还需补充铺装细节，比如草地和卵石之间增加不锈钢隔离带，道路两侧增加排水沟等。铺装图中应在绿化设计范围中标示“PA”以区别于水泥地面、沥青地面。

②将“DIM_LEAD”设为当前图层。标注主要铺装材料的颜色、规格、材质、工艺（图3.21）铺装材料的品类、规格、工艺等信息可以在附录四“园林常用铺装材料”查阅；当如图3.21中扶手、坐凳长度有多种规格或不可确定时，平面图中可以用“L”替代，另在相关详图中标出尺寸。

③铺装图中应标明铺装起始位置，并应对铺装设计进行定位，如遇复杂的铺装应单独绘制铺装定位图。铺装放线起始点标注示意，以公司制图标准为准。

注：标准构造做法可以在设计总说明里表达，如混凝土伸缩缝的位置等。须图示的可以在通用图中绘制。

④将“DIM_IDEN”设为当前图层。将所有的铺装都进行局部放大索引，索引号留空。

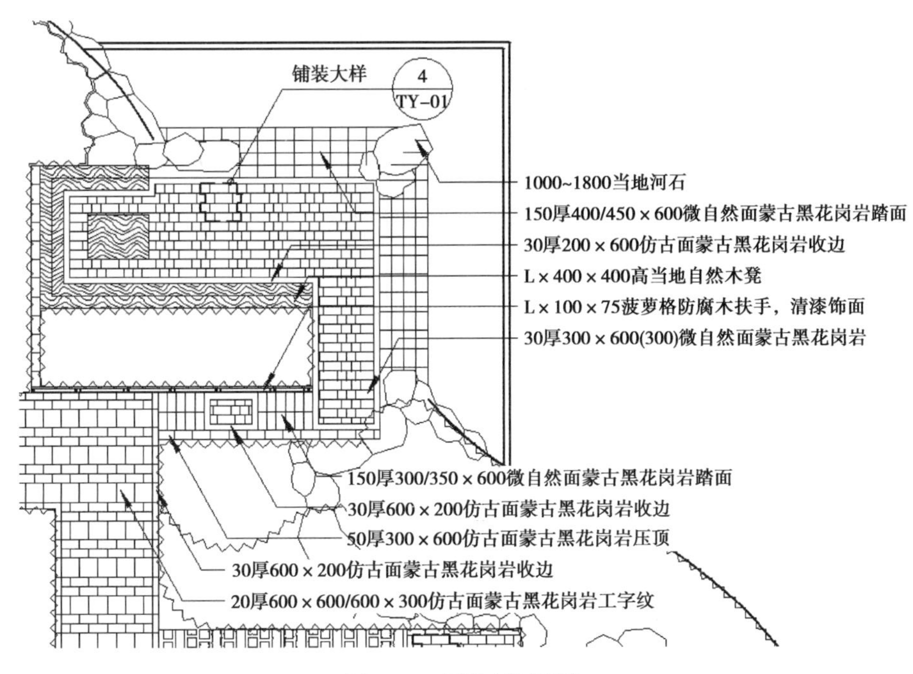

图 3.21 铺装材料引注

【项目评价】

评价内容	评价标准	权重/%	分项得分
任务 1	严格按步骤执行，设置全面无遗漏	10	
任务 2	除表 3.1 给定的图层外，没有任何其他图层； 所有图线、文字在规定的图层上； 所有图线的颜色、线宽跟随图层信息； 所有道路线、水体轮廓线为连续线或闭合线	15	
任务 3	分区有利于平面布图和图纸内容规划； 分区界限明确，区域没有重叠、遗漏	5	
任务 4	索引详尽； 索引标注规范、图面布局美观	5	
任务 5	定位方式合理； 定位标注完整； 标注规范、图面整洁美观	25	
任务 6	道路广场竖向设计合理，满足使用功能、排水组织等要求； 标注详尽； 标注规范、图面整洁美观	15	
任务 7	铺装图案、色彩忠实于方案设计； 选用的铺装材料的材质、规格、工艺合理； 标注规范、图面整洁美观	15	
职业素养	方案执行能力、空间营造能力、CAD 绘图能力、版面构图能力、铺装材料和植物应用能力	10	
总　分		100	

项目4 绘制A区铺装详图

【项目目标】

铺装是园林硬质景观中占地面积最大的一部分，精细化设计可以大大提升设计品质，所以细节设计工作量大。做本项目前需要对园林铺装材料种类、加工工艺、造价充分熟悉，了解施工放线的程序、施工工艺。通过本项目训练了解施工图详图绘制流程，培养较好的绘制步骤和方法；掌握铺装详图绘制深度要求；综合应用铺装材料、施工工艺等相关知识；培养严谨、细致的绘图习惯。

任务1 绘制A区铺装平面详图

项目4微课

【任务下达】

在铺装总图的基础上对细节进一步深化。深化内容包括波打线、导盲系统、道牙等；铺装图案尺寸标注；构造详图索引等。

实训资料

(1)项目3完成的“A区铺装总平面图”；

(2)附录4园林常用铺装材料。

实训要求

(1)尺寸定位方便施工放线，定形尺寸标注详尽；

(2)引注、索引详尽；

(3)标注规范、图面整洁美观。

【任务实施】

第 1 步：新建布局

①将项目 3 完成的“某庭院总平面施工图. dwg”另存为“A 区铺装详图”；

②保留布局“A 区铺装总平面图”，删除其他布局；

③“A 区铺装总平面图”更名为“A 区物料平面图”。

第 2 步：深化铺装材料标注

铺装平面图表达铺装材料的肌理、色彩、规格等，运用“引出标注”或“箭头引注”命令进行绘制(图 4.1、图 4.2)。一般对块状材料的说明文字排列是“规格 + 色彩 + 肌理 + 材料名称 + 施工工艺”，如“300 × 150 × 30 灰色烧面花岗岩人字铺”，规格是指“长度 × 宽度 × 厚度”；粒状材料(如卵石)文字说明可以用“D20 ~ 35 白色鹅卵石横铺”；整体路面说明为“颜色 + 材料 + 施工工艺”，如“黄色仿古混凝土路面，图案如图”。所有材料均需说明，不要漏标材料(图 4.3)。

同一种材料绘制相同的图例，块状材料按照材料规格绘制，尤其是圆弧形收边线按设计的规格绘制，可以检查所设计的规格是否便于施工和完成的效果。块状材料采用同一模数有利于对缝整齐。

图 4.1　引出标注界面及范例

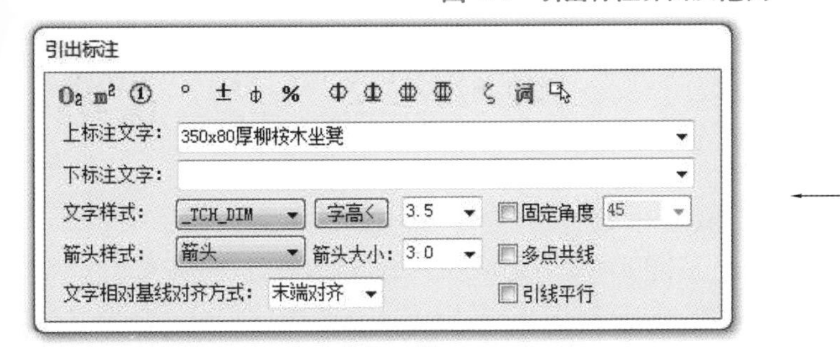

图 4.2　箭头标注界面及范例

第 3 步：标注索引

①平面详图索引。在 1∶200 比例下，铺装样式和尺寸表达不清晰的部分，须放大绘制。在图纸空间“0-CALLOUT”图层，绘制索引框。在“DIM_IDEN”图层上绘制索引号，标注索引文字和图号，图号暂留白。

②断面构造索引。台阶坡道、道牙、道路排水沟、收边条、每种铺装的构造大样都需索引，图号暂留白。

第4步:尺寸标注

①复制布局“A区物料平面图”,并将其更名为“A区铺装定位图”;

②删除所有材料引注,将“PUE_DIM”设为当前图层;

③定位铺装基准线,标注各铺装图案的详细尺寸(图4.3)。

第5步:平面大样

①新建布局,命名为“铺装平面详图”,在“AC-TITLE”层,外部参照插入A2图框。新建视口,显示第3步选出需放大的部分,比例设为1:100或1:50。

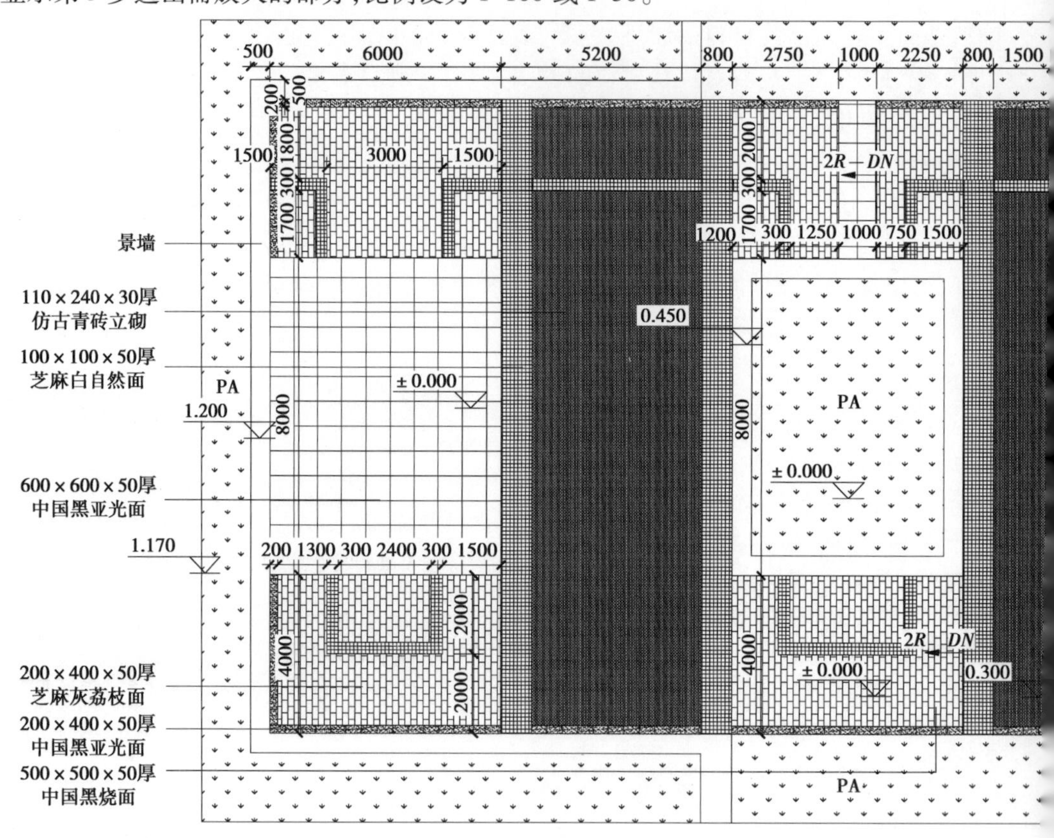

图4.3 铺装平面详图

道路铺装通过索引总平面图中获取园林铺装中需要进行详图设计的区段,段长一般取一个完整图案段。如果太长,可以用折断号,按宽度的2~3倍进行细部放大设计(图4.4)。

②从“A区物料平面图”复制对应部分的材料引注,并继续深化未引注部分。注意文字左对齐,引注线平线。

③从“A区铺装定位图”复制对应部分的尺寸标注,并继续深化未标注部分。

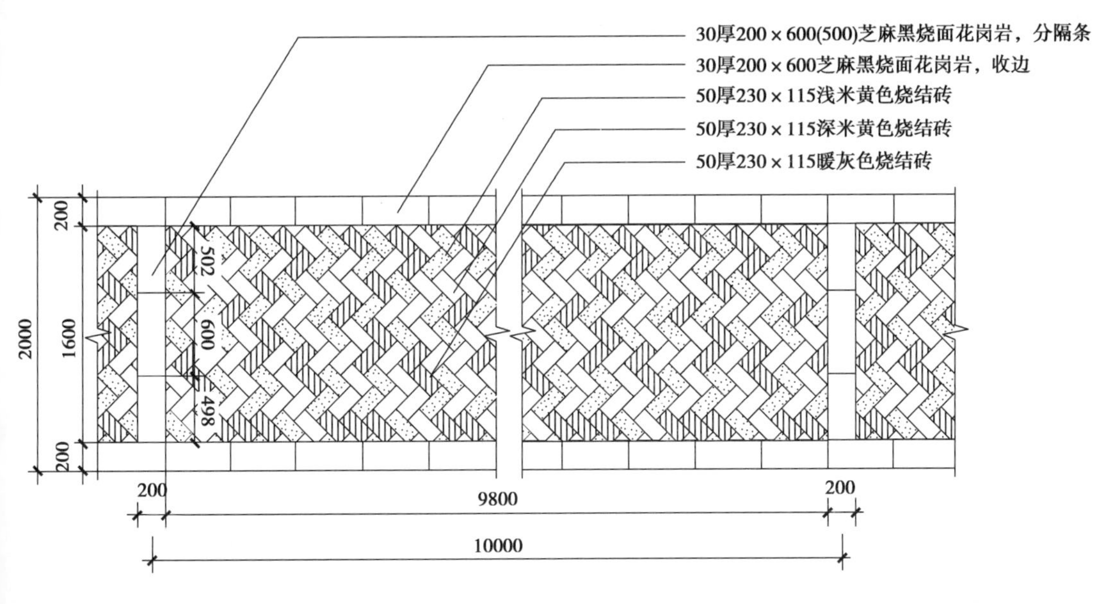

图 4.4　道路铺装平面大样

任务 2　绘制铺装断面详图

【任务下达】

铺装详图要求绘制的内容很多:所有道路的横断面图、不同铺装构造的断面大样、台阶、坡道、道牙、窨井、排水沟等。每个分区共用的铺装样式称为通用图。

实训资料

园林铺装施工图案例。

实训要求

(1)大样详尽;

(2)选材合理,构造层次合理。可参考项目地区域标准图集;

(3)标注规范、图面整洁美观。

【任务实施】

第 1 步:绘图设置

新建布局,并将其命名为“铺装断面详图”,在“AC-TITLE”层外部参照插入 A2 图框。

第 2 步:在模型空间绘制构造图

铺装断面详图表达铺装地面的断面结构做法,因地域不同、面材不同、功能要求不同,在铺装的剖面结构设计的内容也不同。在断面上,除了表达常规地面铺装断面结构,还要表现铺装与接驳景观小品的关系。相邻的绿地需要示意性表达绿地植物,如乔木、灌木或草坪。

注意严格按图层要求绘制。结构线放在“0-5”图层,面层材料图线放在“0-4”图层,材料填充放在“0-8”或“PUE_HATCH”图层。

相关知识:

铺装从上到下分别是面层、结合层、基层、垫层和地基。

面层:需要一定的承载力、耐磨性、耐候性(耐寒暑变化、日晒雨淋),利于通行(防滑)、管理养护(不起尘、易清洁)。面层材料可以分为三大类,包括整体铺装(如沥青、混凝土),块料铺装(如砖、石板、木板),粒料铺装(如碎石、砾石),其他一些特殊形式可以归类到特殊铺装或简易铺装(如沙土地面、步石)。

结合层:将面层牢牢地粘到基层上,砂与水泥比例通常采用1∶3,水比室内铺装会多些,根据天气条件可以多5%~10%。

基层:为了增加铺装的承载力,在面层下面设能承重的结构层去支持面层。基层的材料可用混凝土、灰土、级配碎石等。混凝土强度最高,灰土则是将石灰和土搅拌形成,开始的时候强度不高,但随着时间增加强度会逐渐增高;级配碎石是将不同尺寸的碎石按比例混合,相对于碎石,其密实度和稳定性更高。车行道路(沥青除外)或大面积场地多采用大于等于100厚混凝土作为基层,人行铺装可采用级配碎石作为基层(要求高时也可以采用混凝土)

垫层:大多情况下,地基在地下都会存在积水的问题,水不仅会使地基变软弱,也可能会影响基层的材料。在寒冷地区,被水浸泡的地基结冰后体积膨胀,还会引起路面拱胀。为了解决这些问题,我们就需要再增加一个“垫层”,把基层和地基隔开。南方温暖、潮湿地区,垫层材料可以用碎石、矿渣等,把水排走即可。有时,碎石既可以做基层,又可以做垫层,就可以通过把基层做厚省去垫层。北方寒冷、干旱地区,需要对地基进行保温,比较好的保温材料是在灰土里掺加煤渣或者矿渣。

工程实践中,经常会出现几个结构层合并的情况。比如面层非常厚,足以承载压力的时候,就不需要基层。极端情况下,如果地基非常优良,甚至可以直接铺砌面层而不用基层。因此一种铺装做法只适用于某一种情况,条件改变时,结构层的厚度或材料都会发生调整。

需要注意的是,对于透水铺装,不只是面层需要透水,所有的结构层都应当具有透水性能,普通的水泥砂浆、混凝土或灰土都是不透水的,不能出现在结构中。此时结合层可用的有粗砂或1∶6的干硬性水泥砂浆,基层、垫层可用碎石、矿渣等多孔材料,如果要求铺装的强度高,也可以采用透水混凝土或在混凝土板上打孔作为基层。

第3步:铺装断面尺寸标注

①新建视口,比例设为1∶50或1∶20,显示第2步绘制的大样图,视口锁定;

②在图纸布局中进行铺装断面详图尺寸标注,主要是对铺装断面进行平面宽度以及断面材料各层厚度进行标注。如果铺装图案相对简单,剖面引注已说明厚度,可以不用进行尺寸标注(图4.5)。

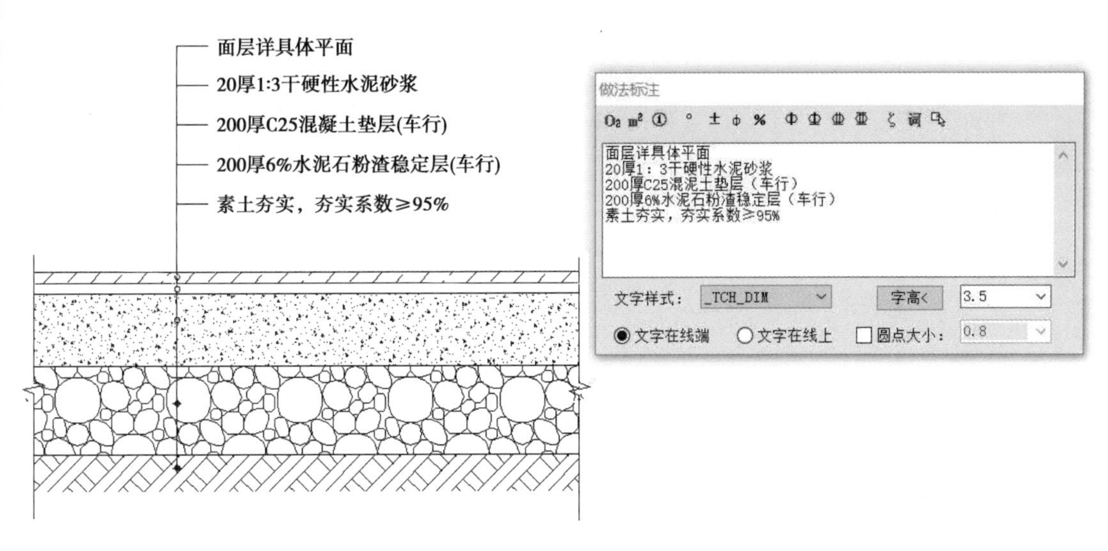

图4.5　道路断面做法标注界面及标注范例

第4步:铺装断面引注标注

铺装断面图表达铺装材料的竖向结构构成以及施工工艺等,在天正软件中可运用“做法标注”命令进行绘制。所有工程材料的施工工艺均需说明,不要漏标材料(图4.5),在标注的过程中,标注的顺序是从下到上;在“做法标注”输入过程中,输入的顺序是从上到下。

【项目评价】

评价内容	评价标准	权重/%	分项得分
任务1	尺寸定位方便施工放线,定形尺寸标注详尽; 引注、索引详尽; 标注规范、图面整洁美观	20	
任务2	大样详尽; 选材合理,构造层次合理; 标注规范、图面整洁美观	60	
职业素养	方案执行能力、CAD绘图能力、铺装材料和构造应用能力	20	
总　分		100	

【拓展训练】

练习1.抄绘车行道断面详图

(1)沥青路面断面详图如图4.6所示。

(2)混凝土路面断面详图如图4.7所示。

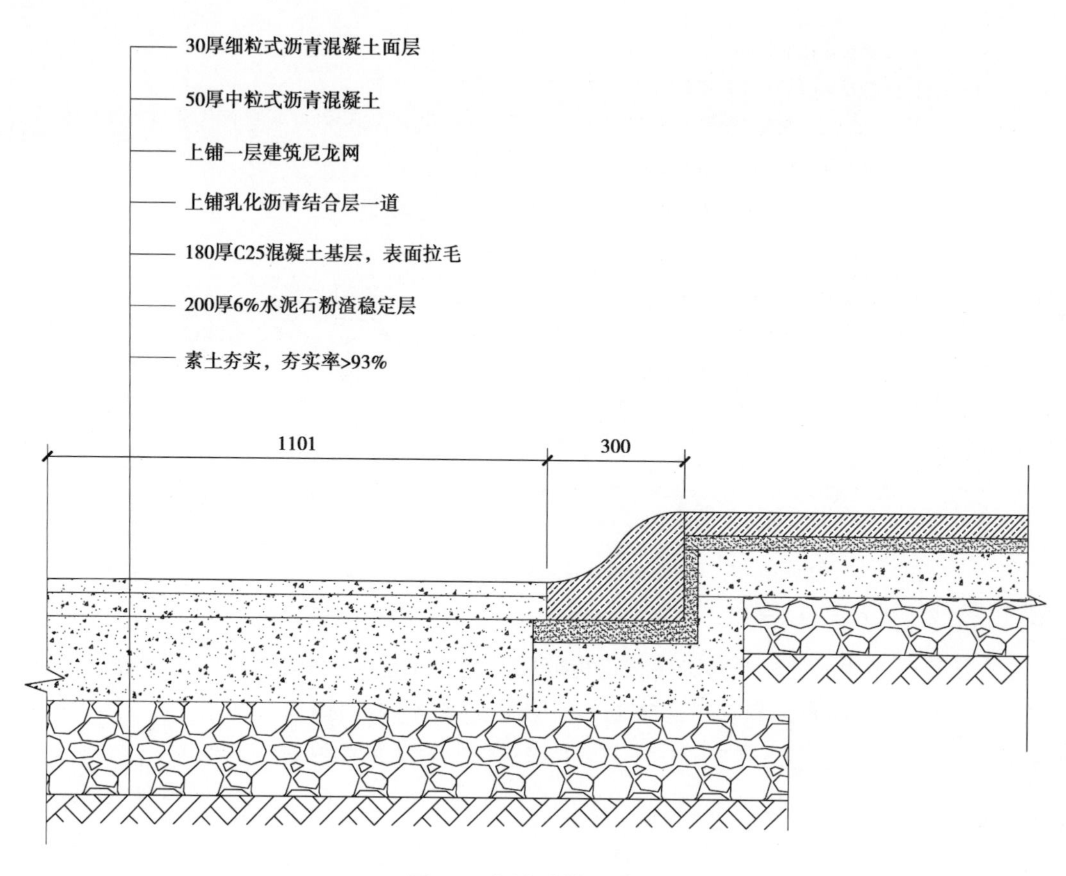

图 4.6　沥青路铺地详图

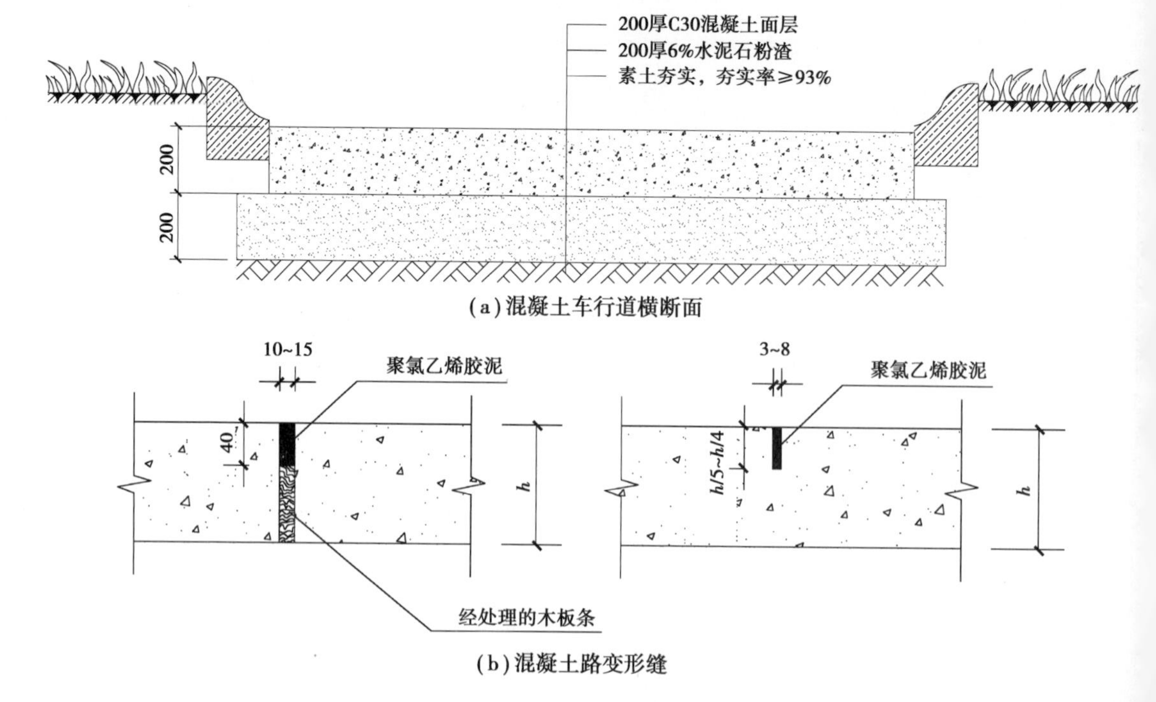

图 4.7　混凝土路铺地详图

注意事项：

路面横向坡度，混凝土路面坡度为 2%，沥青路面坡度为 2.5%，其余路面坡度为 3%；

设计时必须注明具体选用材料的名称和厚度；

混凝土整体路面，每 5 ~7 m 设横向缩缝一道，每 25 ~30 m 设横向伸缝一道，路宽大于 6 m 时路中设 纵向缩缝一道，路宽大于 15 m 时设纵向两道缩缝[图 4.6(b)]。

(3)花岗岩、水泥砖路面如图 4.8 所示。

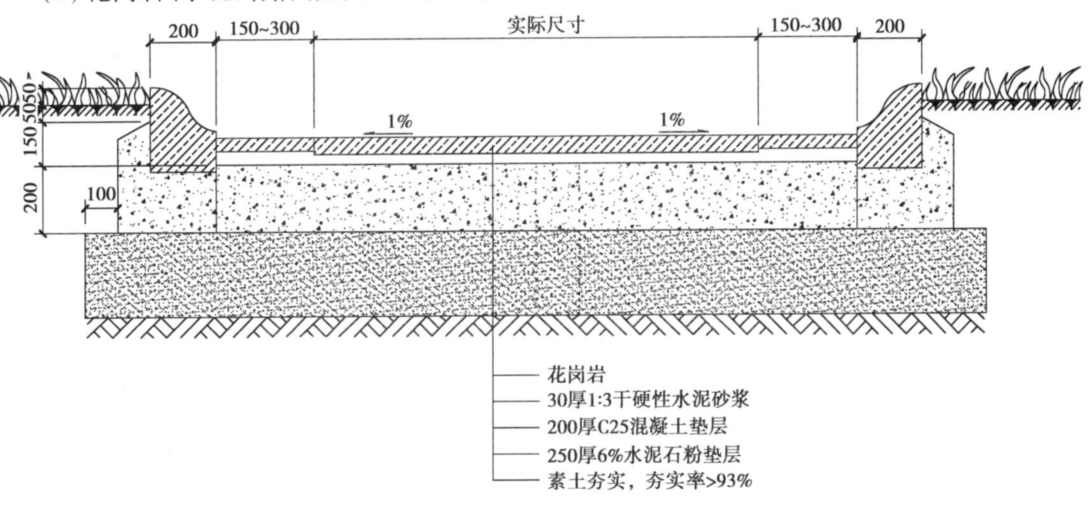

图 4.8　花岗岩车行道铺地详图

(4)隐性消防车道详图如图 4.9 所示。

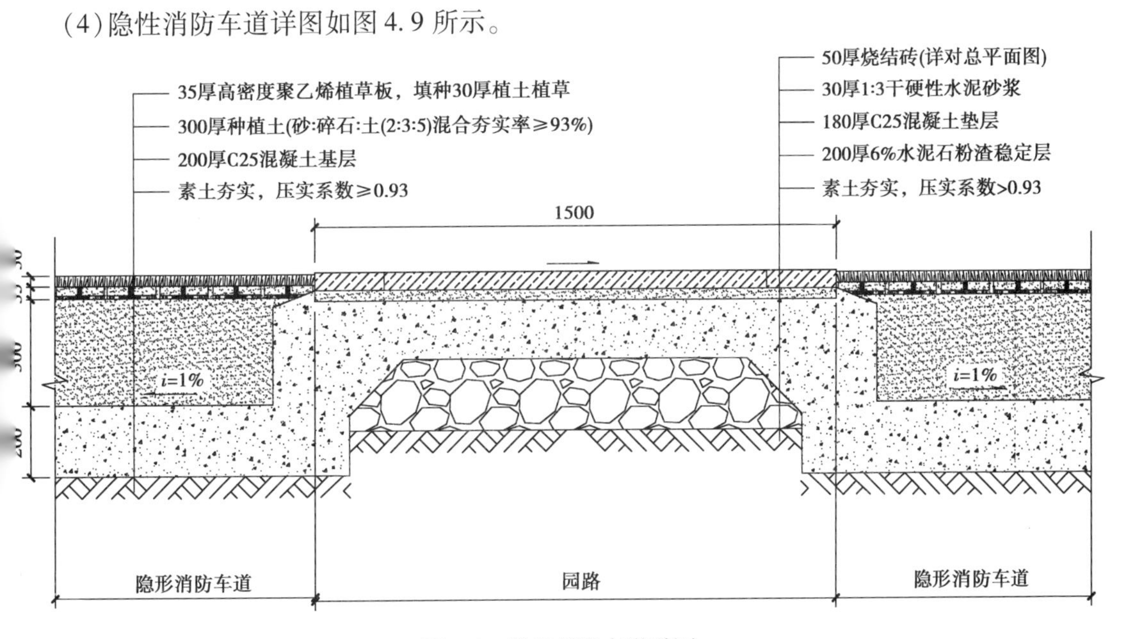

图 4.9　隐性消防车道详图

(5)车库、架空层屋面铺地详图如图 4.10 所示。

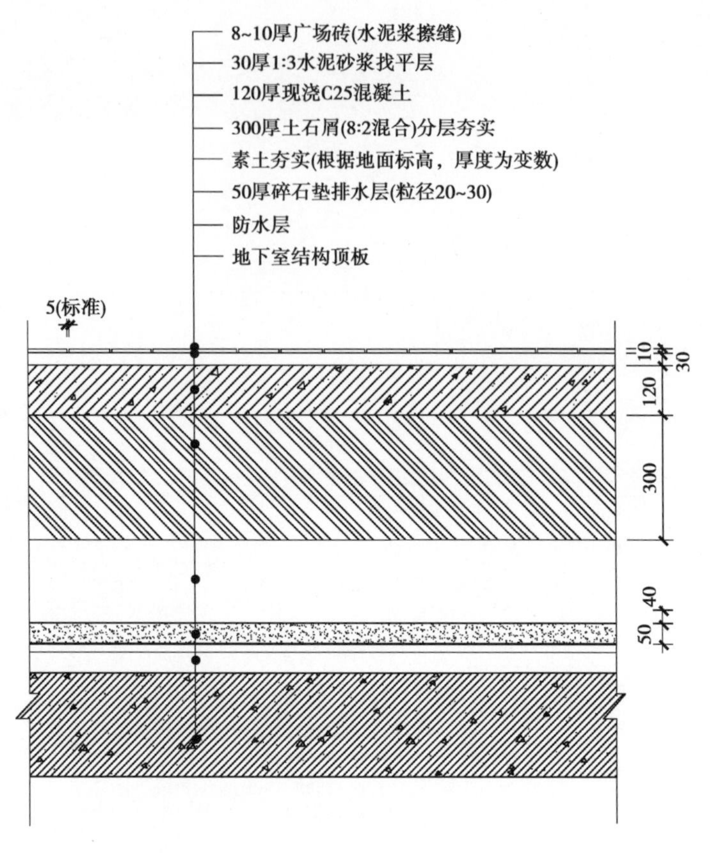

图4.10　车库、架空层屋面铺地详图

练习2. 抄绘人行道断面详图

(1)人行道及排水沟详图如图4.11所示。

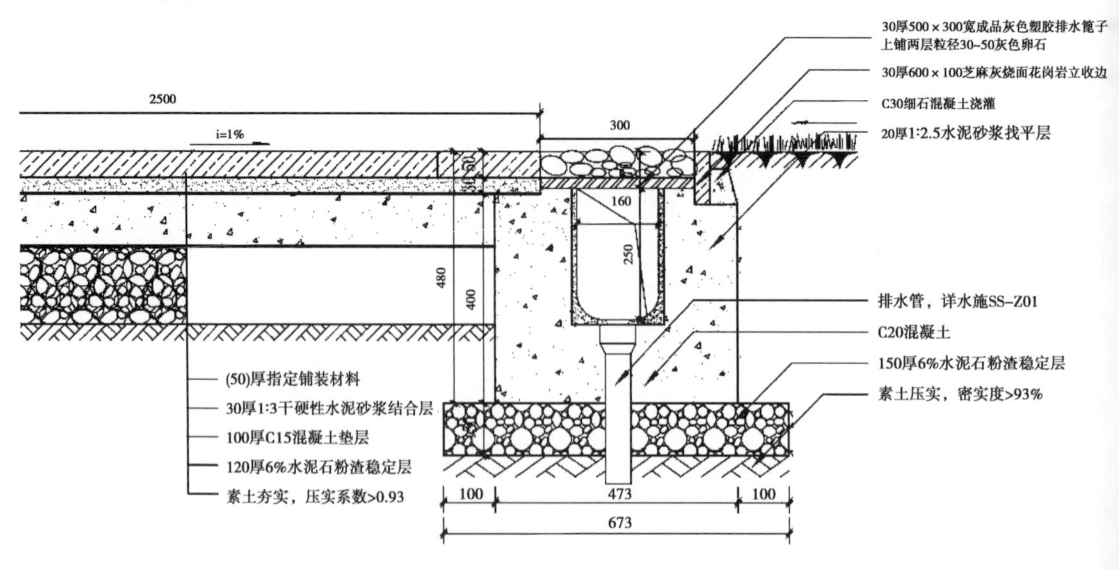

图4.11　人行道及排水沟详图

(2)花岗岩、板岩、文化石、水泥砖、陶砖面层(图4.12)。

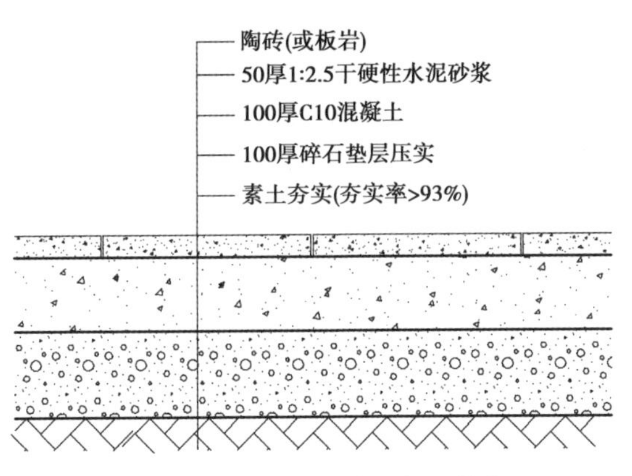

图 4.12　陶砖(板岩)铺地详图

(3)植草砖面层(图 4.13)。

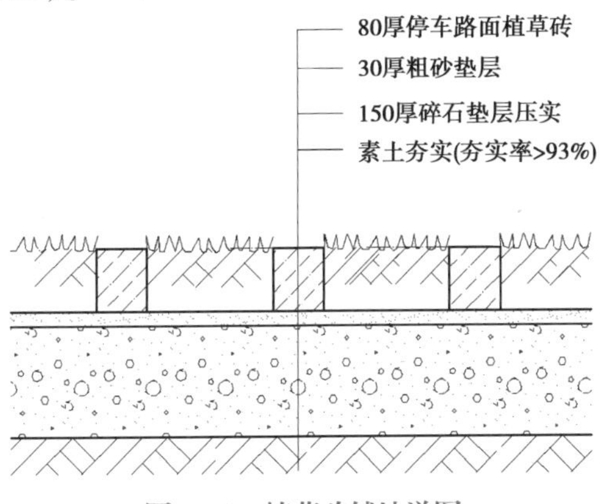

图 4.13　植草砖铺地详图

(4)橡胶垫面层(图 4.14)。

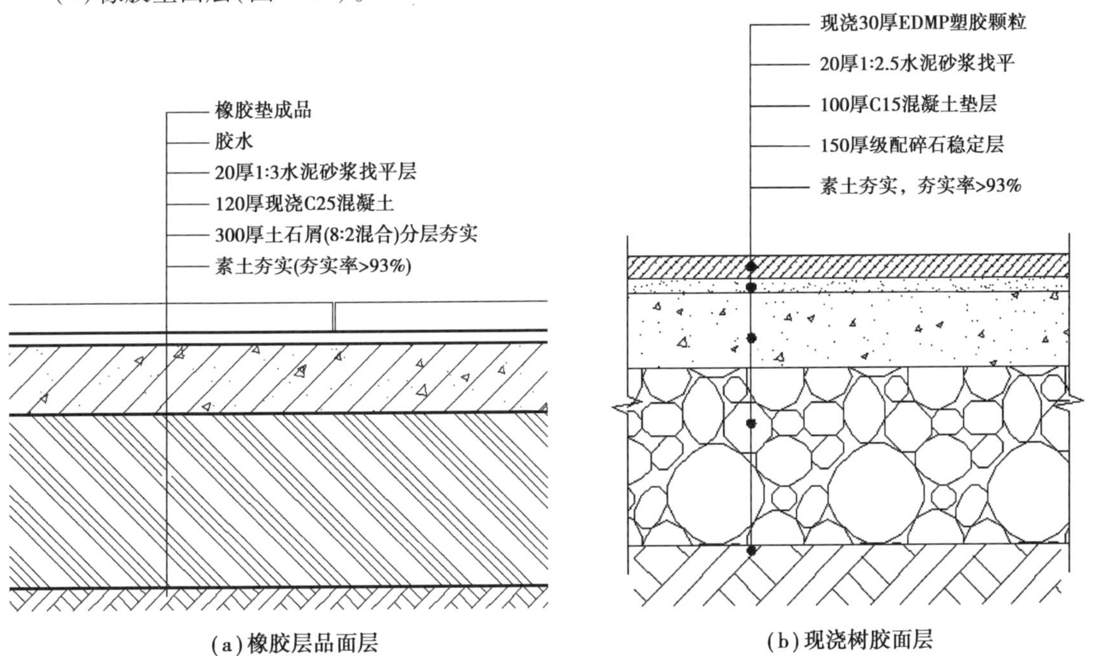

(a)橡胶层品面层　　(b)现浇树胶面层

图 4.14　橡胶垫铺地详图

注意事项：

预制块预制时，可在水泥中掺入各种不同颜色的矿物颜料；

混凝土块大小可以根据需要进行预制；

路面横向坡度为 1% ~2%；

块体铺面扫缝炉渣为过筛后的细炉渣屑；

混凝土整体路面每 6 ~7 m 长留一道伸缩缝。

练习 3. 抄绘特殊铺装构造详图

1）木铺地

木板是一种极具吸引力的地面铺装材料，它的多样性使其既适合现代风格的设计也适合古典式景观设计，木铺装可以和很多不同风格的建筑景观相融合（图 4. 15）。

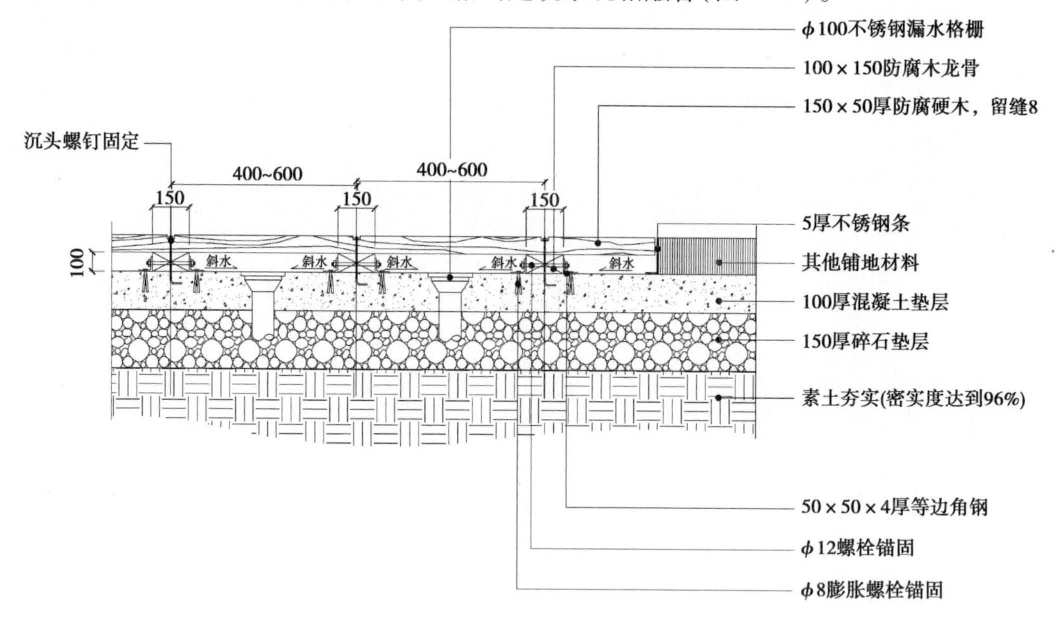

图 4. 15　木板铺装断面详图

2）道牙

道牙有平道牙和立道牙，它们安置在路两侧，使路面与路肩在高程上起衔接作用，并能保护路面。道牙可用砖、石、混凝土等材料做成，也可用瓦等材料。

砖道牙一般侧砌，用于人行小道。石、混凝土道牙常用规格为立道牙 500 ×100（150）× 300；平道牙为 500 ×100 ×200。人行小道上也可用 500 ×60 ×200。原则上道牙可以根据设计要求定制成任何规格。混凝土道牙常用颜色为灰色系；花岗岩道牙常用颜色同花岗岩。

人行小道平缘石如图 4. 16 所示。

沥青路缘石如图 4. 17 所示。

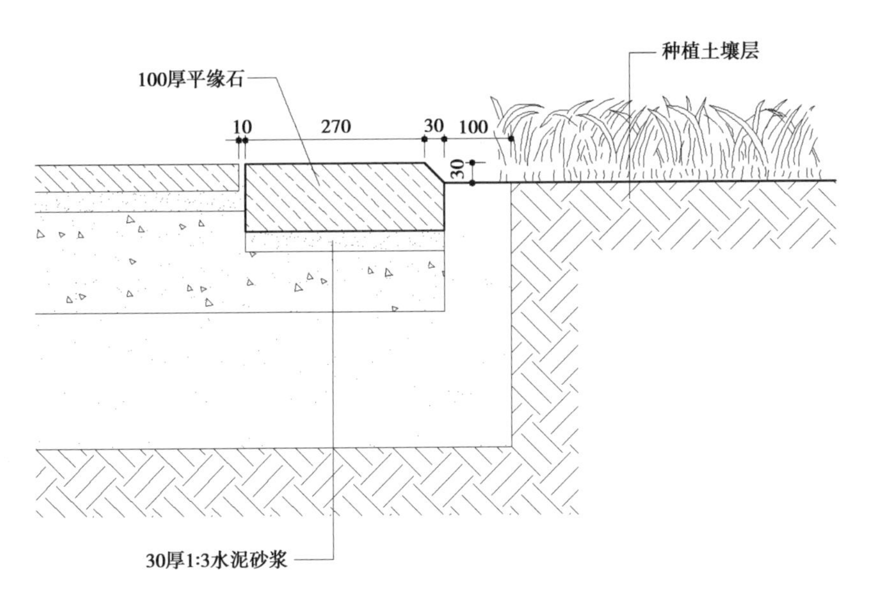

图4.16 人行小道平缘石

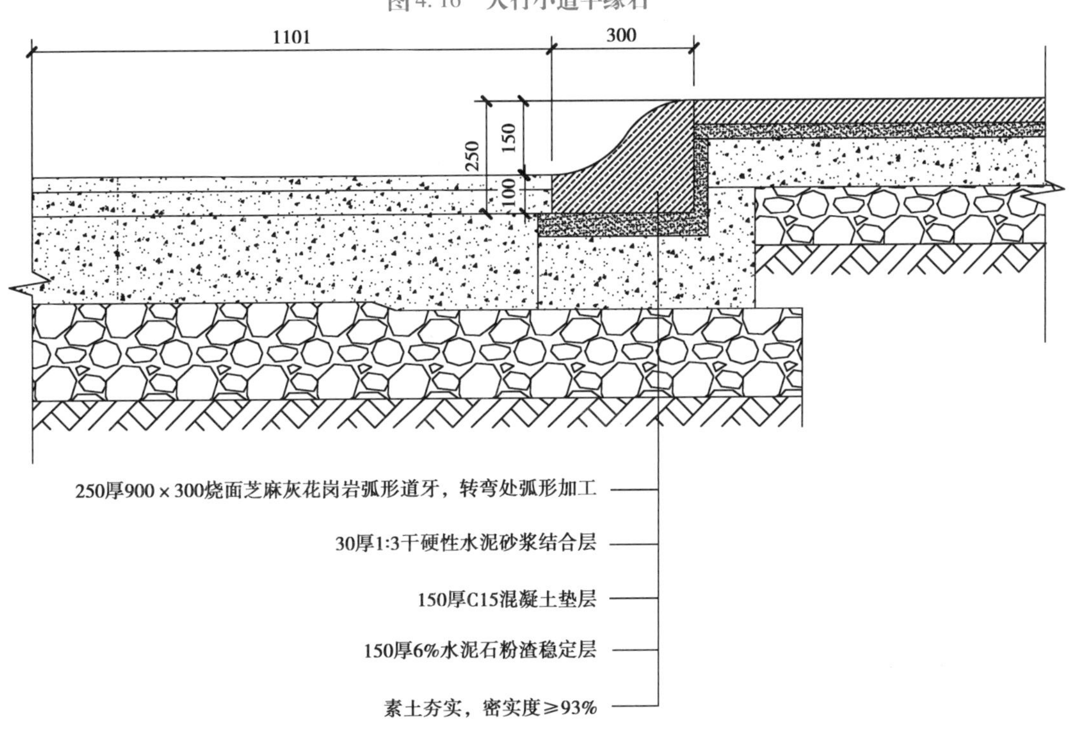

图4.17 沥青路缘石

3）窨井

窨井是道路铺装中用于收集雨水和排水的设施，常以砖块或混凝土砌成（图4.18）。

4）台阶

当路面坡度超过12%时，人行道必须设台阶以方便行走，台阶的宽度与路面相同，每级踏步的宽度为300～380 mm，踏步高度为120～170 mm（图4.19）。台阶最多每18级必须增设一层平台，以便行人休息。可采用毛面高档花岗岩、当地面砖或混凝土台阶，纵坡<7%，横坡≤2%。

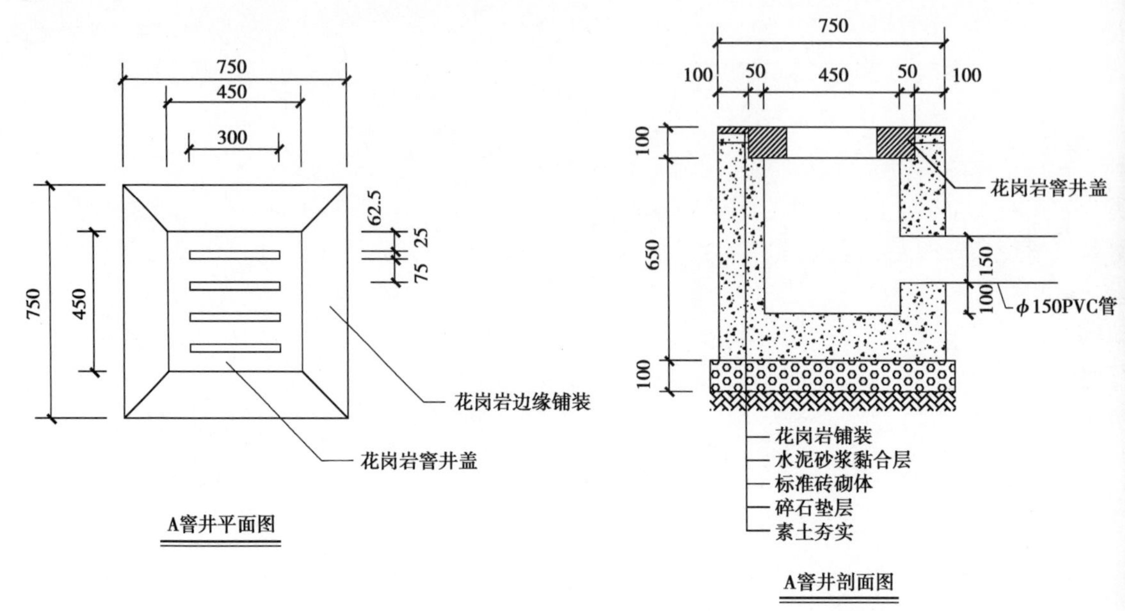

图4.18　窨井平面、剖面图

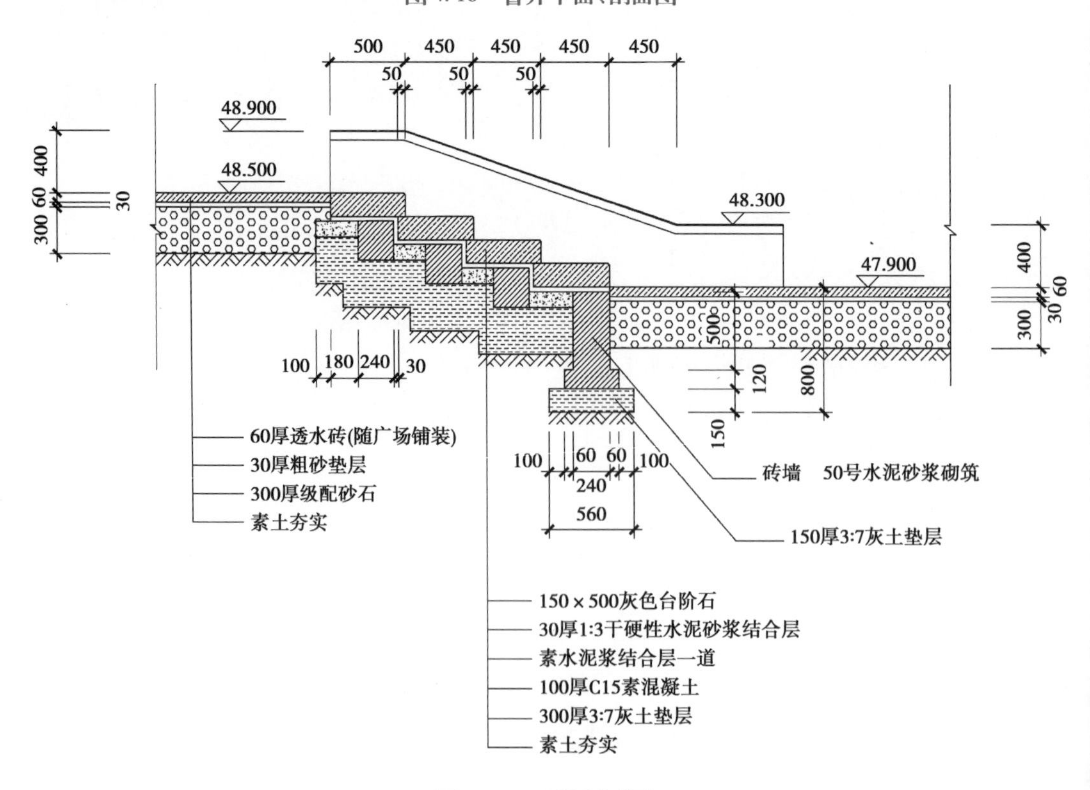

图4.19　台阶剖面图

台阶设置应符合下列规定：

①公共建筑室内外台阶踏步宽度不宜小于 0.3 m，踏步高度不宜大于 0.15 m，并不宜小于 0.1 m，踏步应防滑。室内台阶踏步数不应少于 2 级，当高差不足 2 级时，应按坡道设置。

②人流密集的场所台阶总高度超过 0.70 m 并侧面临空时，应有防护设施。

5）坡道

坡道是连接高差地面或者楼面的斜向交通通道，以及门口的垂直交通和竖向疏散措施。一类为连接有高差的地面而设的，如出入口处为通过车辆常结合台阶而设的坡道，或在有限时间里要求通过大量人流的建筑，如火车站、体育馆、影剧院的疏散道等；另一类为连接两个楼层而设的行车坡道，常用在医院、残疾人机构、幼儿园、多层汽车库和仓库等场所。此外，室外公共活动场所也有结合台阶设置坡道，以利残疾人轮椅和婴儿车通过（图 4.20—图 4.25）。无障碍通行宽度不小于 1.2 m，转弯平台宽度不小于 1.5 m。

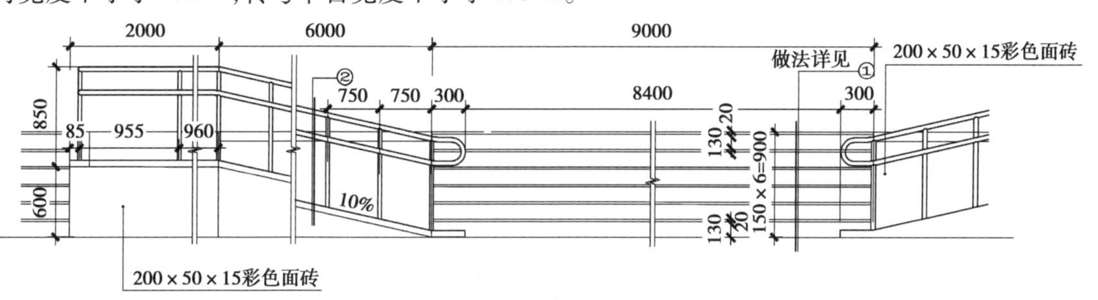

图 4.20　残疾人坡道及台阶立面图

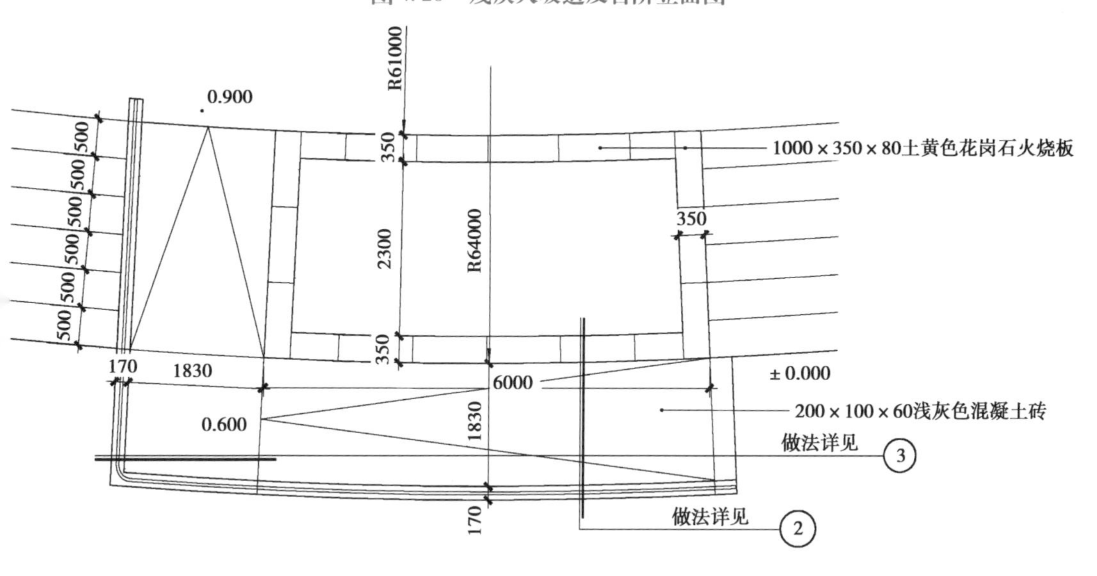

图 4.21　残疾人坡道及花坛平面

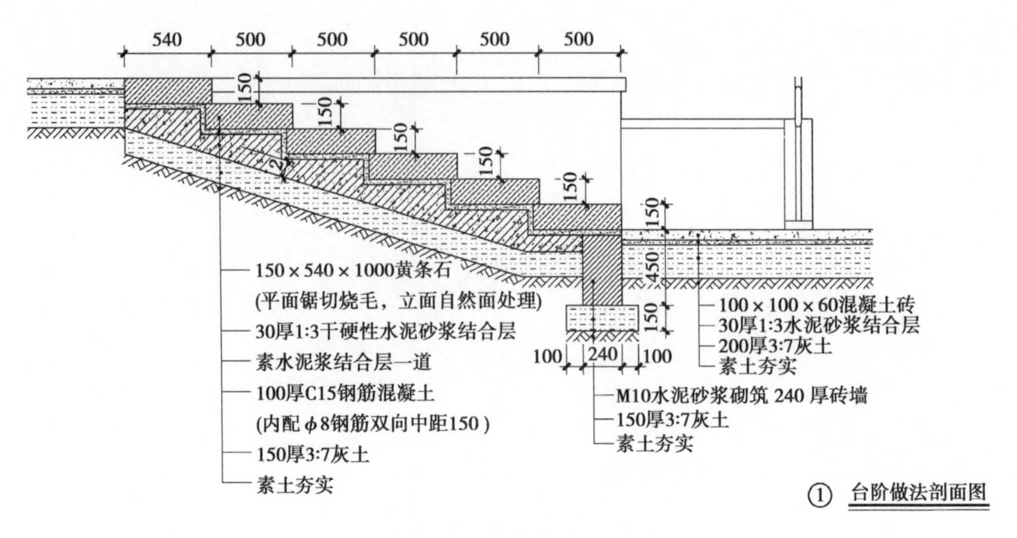

图 4.22　台阶做法剖面图

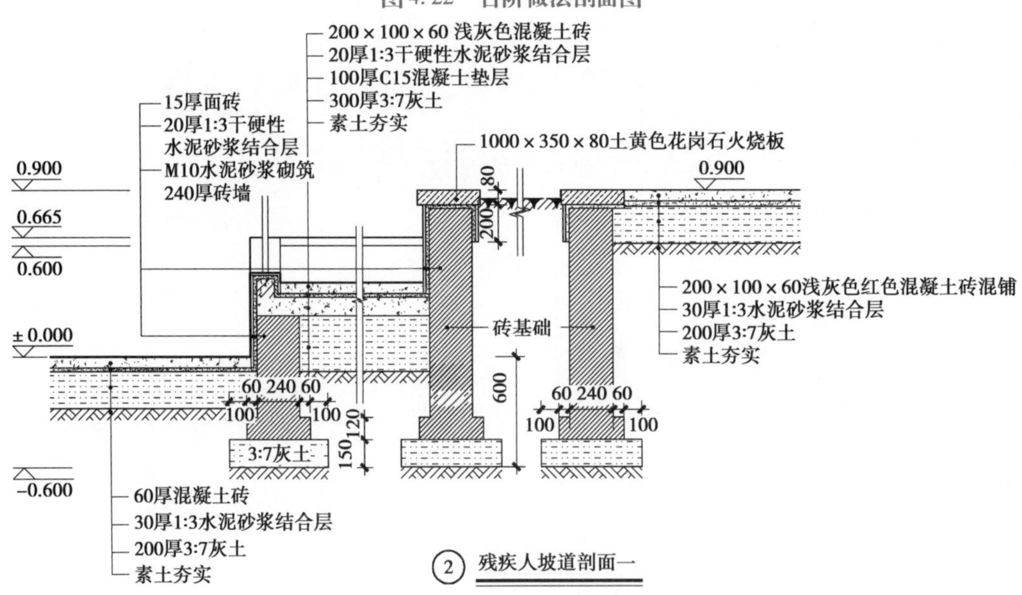

图 4.23　残疾人坡道横断面详图

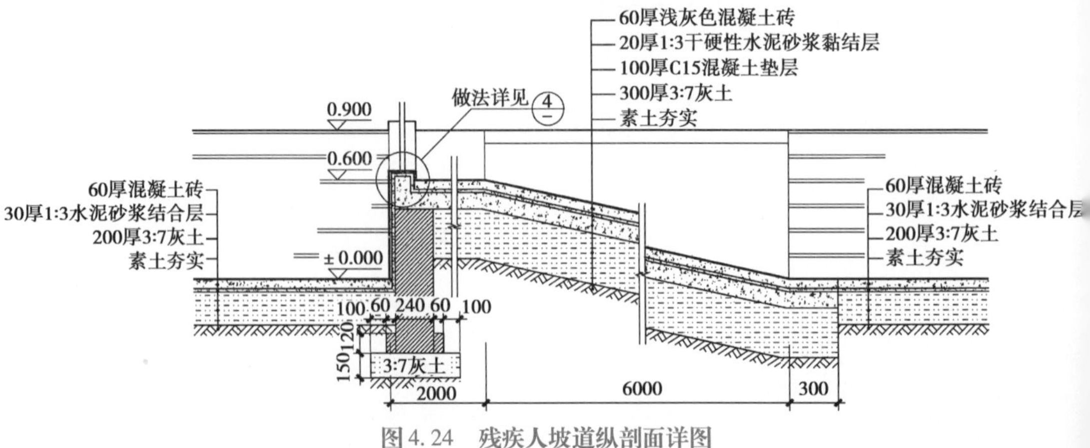

图 4.24　残疾人坡道纵剖面详图

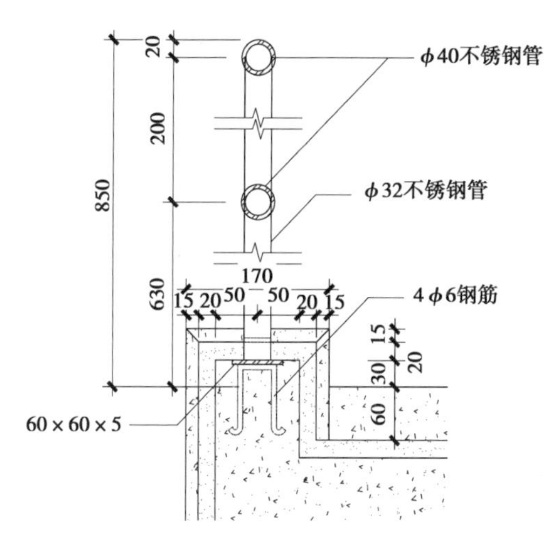

图4.25　坡道栏杆节点索引详图

坡道的坡度同使用要求以及面层作法、材料选用等因素有关。行人通过的坡道，坡度宜小于1∶8；面层光滑的坡道，坡度宜小于或等于1∶10；粗糙材料和作有防滑条的坡道的坡度可以稍陡，但不得大于1∶6；斜面作成锯齿状坡道（称礓）的坡度一般不宜大于1∶4（图4.26、图4.27）。

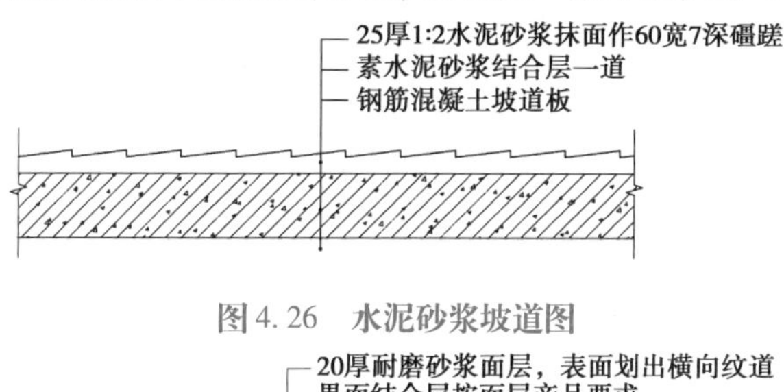

图4.26　水泥砂浆坡道图

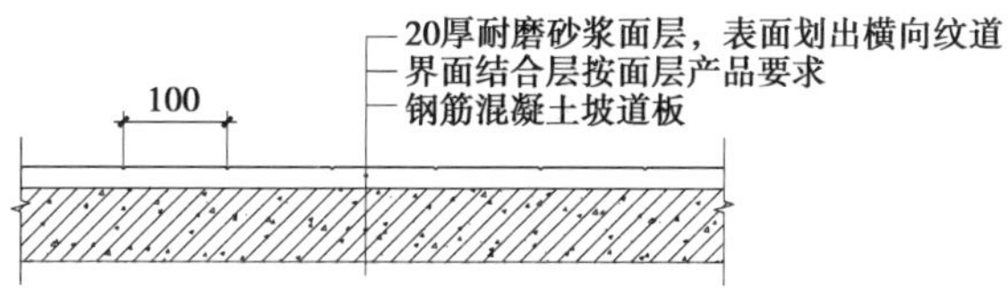

图4.27　耐磨砂浆坡道

坡道设置应符合下列规定：

①室内坡道坡度不宜大于1∶8，室外坡道坡度不宜大于1∶10；

②室内坡道水平投影长度超过15 m时，宜设休息平台，平台宽度应根据使用功能或设备尺寸缓冲空间而定；

③供轮椅使用的坡道不应大于1∶12，困难地段不应大于1∶8；

④自行车推行坡道每段长不宜超过6 m，坡度不宜大于1∶5；

⑤坡道应采取防滑措施。

6)停车位

停车位如图 4.28、图 4.29 所示。

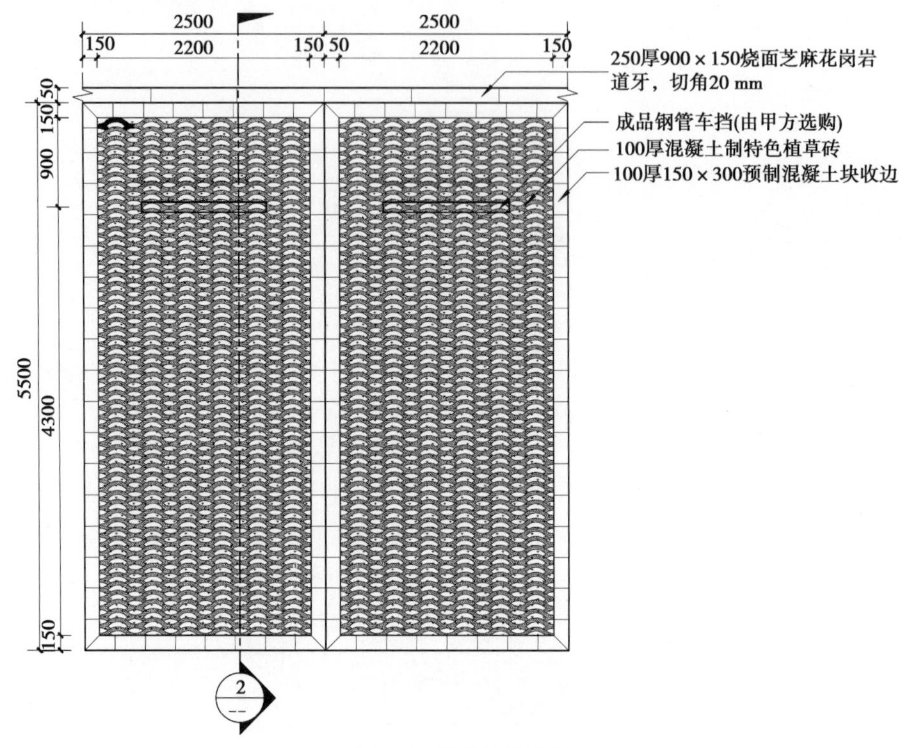

图 4.28　停车位平面图

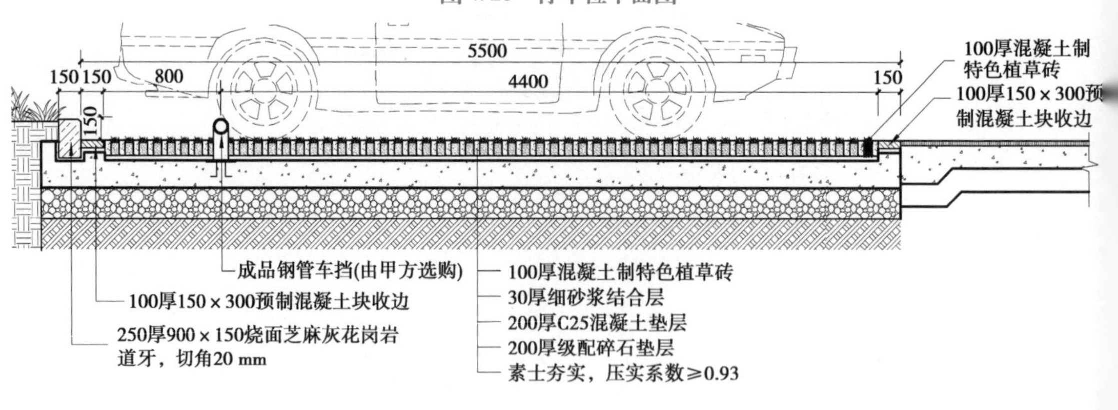

图 4.29　停车位剖面图

7)盲道

盲道如图 4.30 所示。

8)双层井盖

绿地井盖大样如图 4.30 所示。

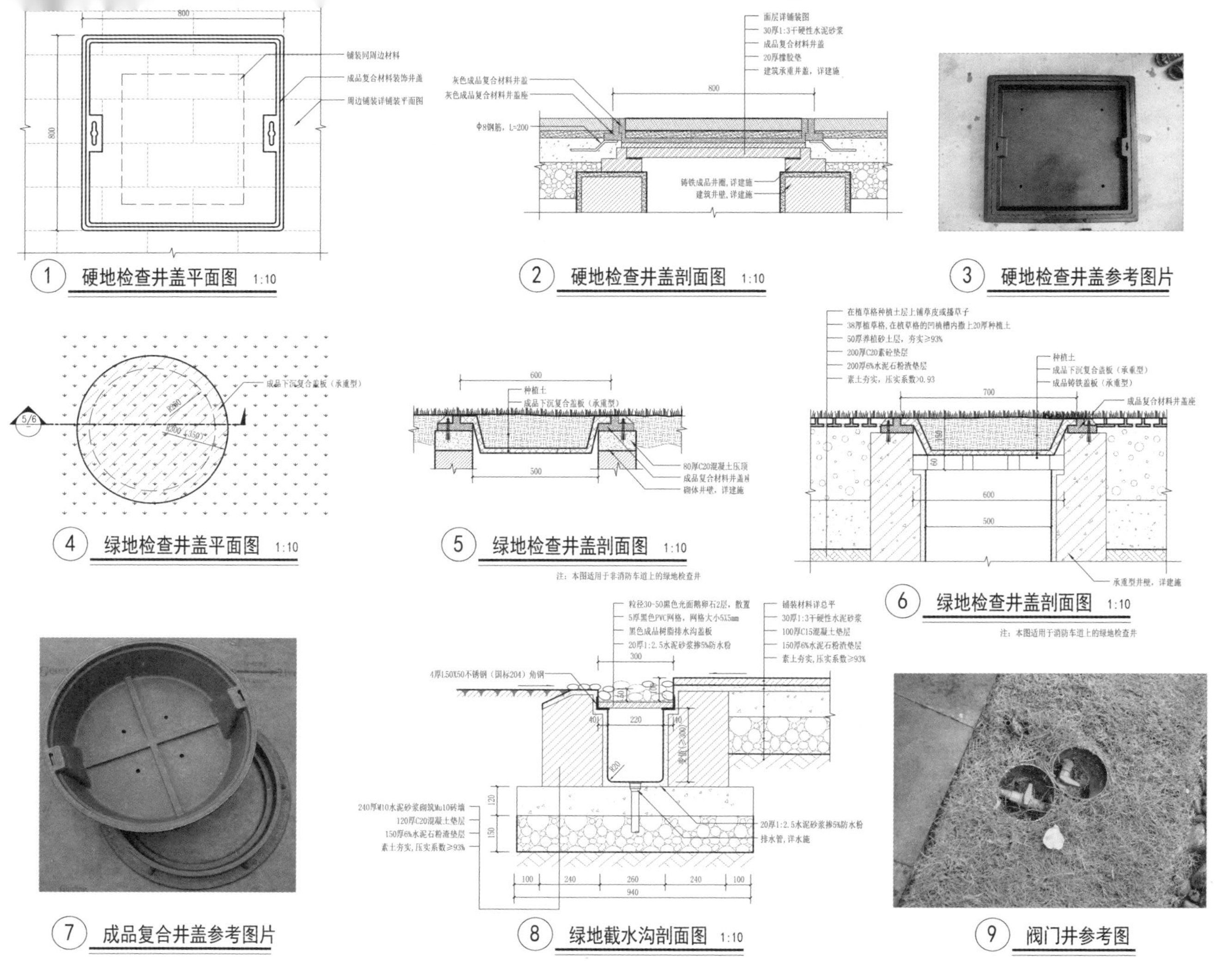
800
铺装同周边材料
成品复合材料装饰井盖
周边铺装详铺装平面图
① 硬地检查井盖平面图 1:10
面层详铺装图
30厚1:3干硬性水泥砂浆
成品复合材料井盖
20厚橡胶垫
建筑承重井盖，详建施
灰色成品复合材料井盖
灰色成品复合材料井盖座
Φ8钢筋，L=200
铸铁成品井圈，详建施
建筑井壁，详建施
② 硬地检查井盖剖面图 1:10
③ 硬地检查井盖参考图片
成品下沉复合盖板（承重型）
④ 绿地检查井盖平面图 1:10
种植土
成品下沉复合盖板（承重型）
80厚C20混凝土压顶
砌体井壁，详建施
⑤ 绿地检查井盖剖面图 1:10
注：本图适用于非消防车道上的绿地检查井
在植草格种植土层上铺草皮或播草子
50厚养植砂土层，夯实≥93%
200厚C20素砼垫层
200厚6%水泥石粉渣垫层
素土夯实，压实系数>0.93
种植土
成品下沉复合盖板（承重型）
成品铸铁盖板（承重型）
成品复合材料井盖座
承重型井壁，详建施
⑥ 绿地检查井盖剖面图 1:10
注：本图适用于消防车道上的绿地检查井
⑦ 成品复合井盖参考图片
黑色成品树脂排水沟盖板
20厚1:2.5水泥砂浆掺5%防水粉
铺装材料详总平
30厚1:3干硬性水泥砂浆
100厚C15混凝土垫层
150厚6%水泥石粉渣垫层
素土夯实，压实系数≥93%
120厚C20混凝土垫层
150厚6%水泥石粉渣垫层
素土夯实，压实系数≥93%
20厚1:2.5水泥砂浆掺5%防水粉
排水管，详水施
⑧ 绿地截水沟剖面图 1:10
⑨ 阀门井参考图

图4.30　绿地井盖大样

项目5 绘制园林建筑小品详图

【项目目标】

园林建筑小品包括花架、景墙、岗亭、厕所、小卖部、餐厅等，在园林中是点睛之笔，其美观、功能是设计的重点。该项目需学生了解施工图详图绘制流程，培养较好的绘制步骤和方法；掌握景观建筑详图绘制深度要求；综合应用材料构造、建筑结构相关知识；培养严谨、细致的绘图习惯。

任务1 绘制养心轩平面详图

项目5任务1
微课

【任务下达】

园林建筑小品的平面详图主要是详细绘制建筑(构筑物)的底层平面图(含指北针)及各楼层、顶平面图。园林建筑平面施工图须在方案图基础上详细标出墙体、柱子、门窗、楼梯、栏杆装饰物等的平面位置及详细尺寸。

在给定的养心轩方案平面图基础上，详细标注尺寸和引注。

实训资料

项目5任务1,2,3
实训资料
(可下载)

(1)养心轩. dwg;

(2)养心轩方案模型. skp;

(3)养心轩详图六. pdf;

(4)养心轩详图七. pdf。

实训要求

(1)尺寸定位方便施工放线，定形尺寸标注详尽；

(2)引注、索引详尽；

(3)标注规范、图面整洁美观。

【任务实施】

第 1 步:读图和绘图准备

通常施工图会在方案基础上进行优化和调整,所以方案模型与施工图不完全一致,甚至尺寸也会有不一致。方案模型仅表达外观,不表达内部结构和构造。通过补充和修改模型,特别是建构造模型,可以有效地提升对方案理解,检验施工图识读深度。

对照“养心轩方案模型. skp”和“养心轩. dwg”,找出 CAD 文件中每个平面图在模型中的位置;根据“养心轩详图六. pdf”中立柱相关大样,建柱子构造模型(包含基础、柱身);根据“养心轩详图六. pdf”中檐口详图和“养心轩. dwg”中顶棚平面图,建养心轩顶棚构造模型(包含所有龙骨)。

检查平面图中图线的图层设置是否正确。建筑平面图中,柱、墙为粗实线,门扇为中粗实线或双细线,地面铺装为极细灰色线,其余均为细实线。

第 2 步:新建布局

把已有的图根据景观建筑小品详图的具体内容进行初步布局(图 5. 1),确定平面绘图比例为 1:50,立面绘图比例为 1:30(比例我们可以参考表 5. 1)。

标注之前,图纸比例的设置可以通过以下步骤进行设置:单击天正屏幕(为绘图方便,使用软件为天正建筑 2014)菜单“设置”下“天正选项”中的“基本设定”,将当前自定比例值 100 改为所需要的比例,“确定”后退出。

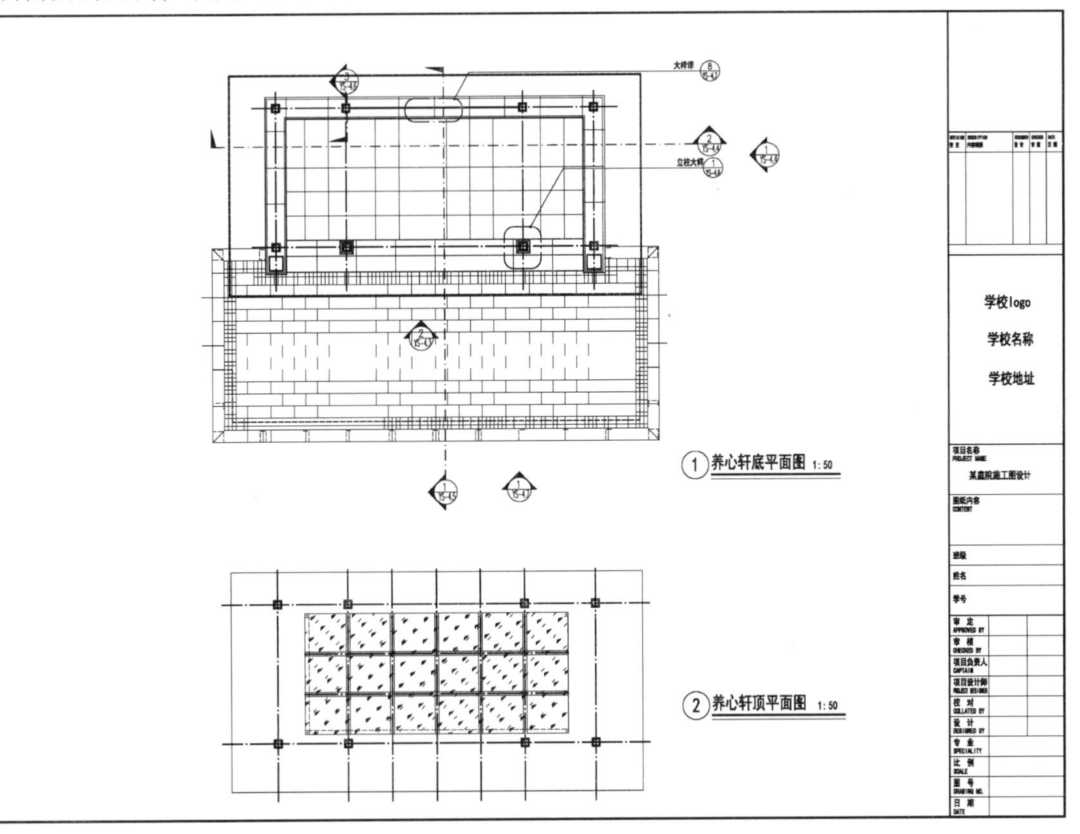

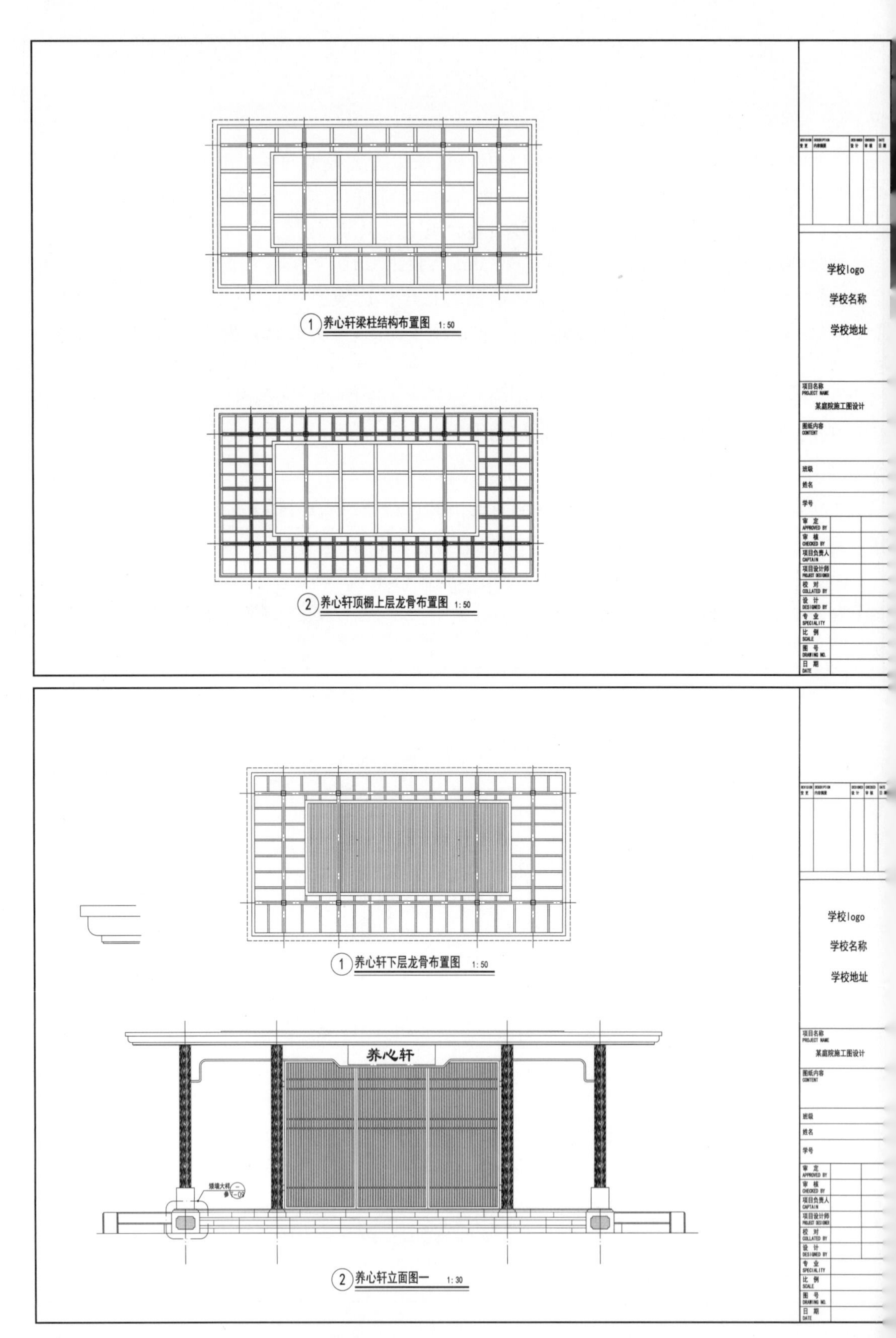

1 养心轩梁柱结构布置图 1:50

2 养心轩顶棚上层龙骨布置图 1:50

1 养心轩下层龙骨布置图 1:50

2 养心轩立面图一 1:30

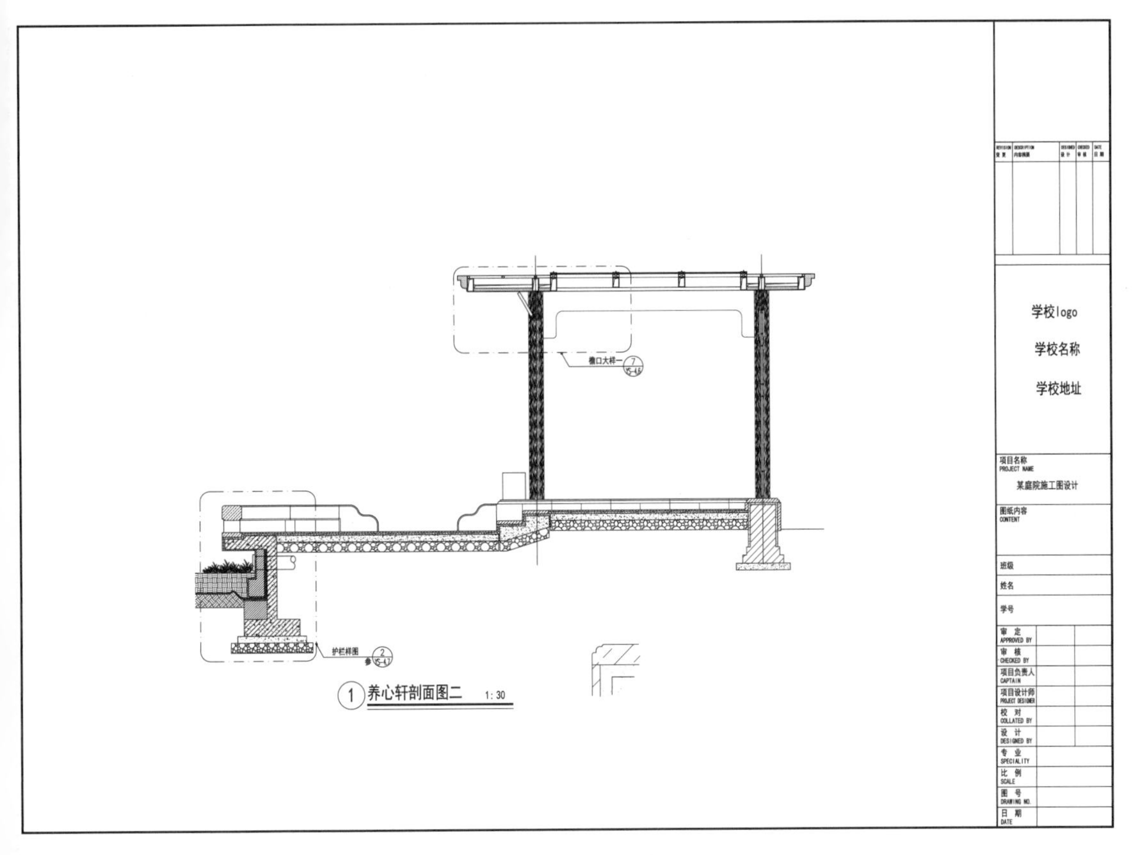

图5.1　初步布图

表5.1　建筑图纸绘图比例参考

图纸类型	比　例
建筑物或者构筑物的平面图、立面图和剖面图	1:50,1:100,1:200
建筑物或者构筑物的局部放大图	1:10,1:20,1:50
节点详图	1:1,1:2,1:5,1:10,1:20,1:50

第3步:定位轴线及其编号

定位轴线用于确定建筑物承重构件的位置,对于施工放线非常重要(图5.2),各平面、立面、构件均依据轴线定位。定位轴线用细单点画线绘制,其编号注写在轴线端部用细实线绘制的圆内,直径为8 mm,圆心在定位轴线的延长线上。轴线系统特别简单,也可以只画轴线不编号(图5.3)。在计算机软件天正建筑2014中,可以直接通过“轴网柱子”菜单中的工具命令进行标注(图5.4),前提是现有轴网是天正软件“绘制轴网”绘制的。

注意事项:

拉丁字母的I、Z不能用作轴线编号,如果字母数量不够使用,可增用双字母或单字母加数字注脚,如AA,BA,…,YA或A_1,B_1,…,Y_1等。

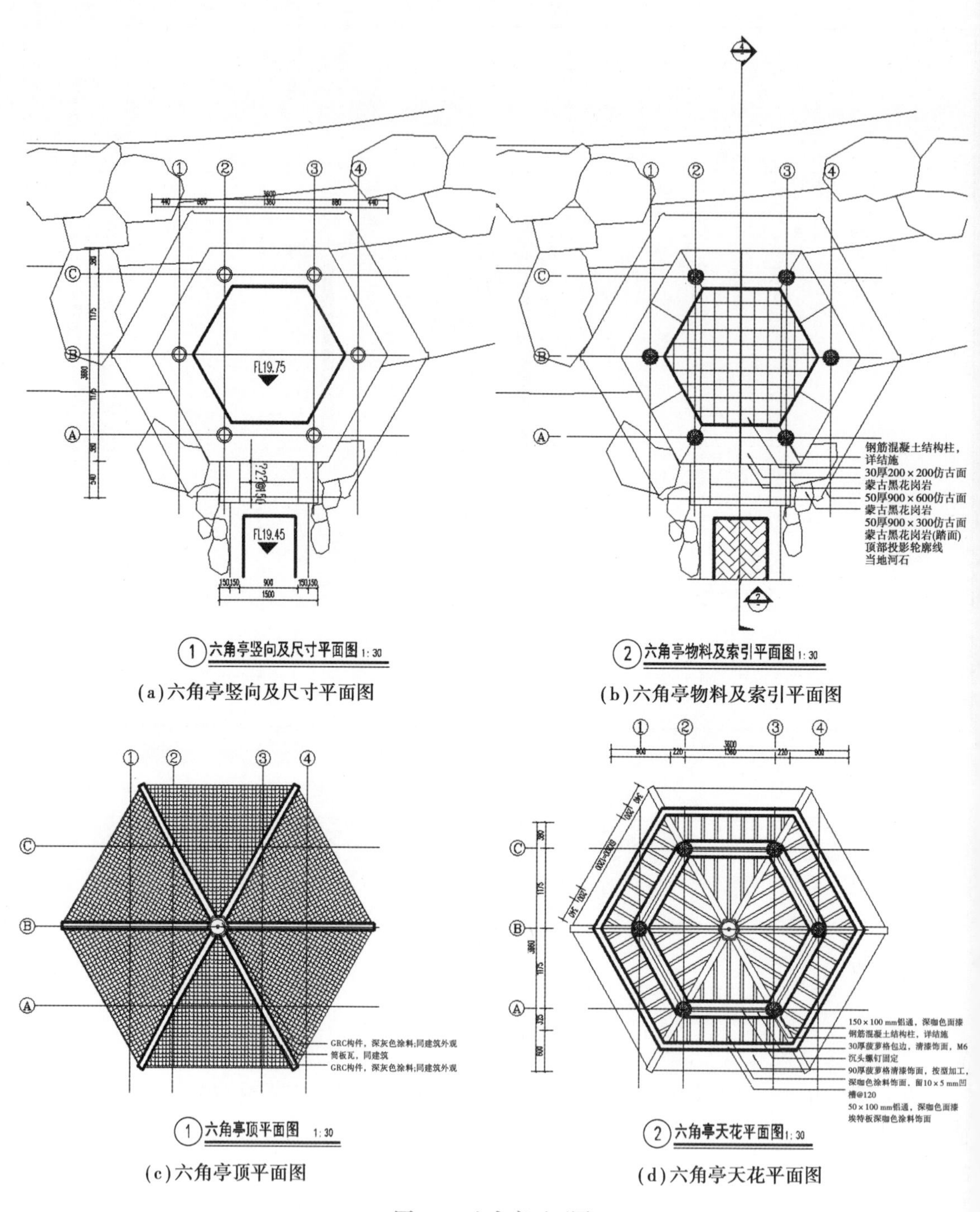

(a)六角亭竖向及尺寸平面图

(b)六角亭物料及索引平面图

(c)六角亭顶平面图

(d)六角亭天花平面图

图5.2 六角亭平面图

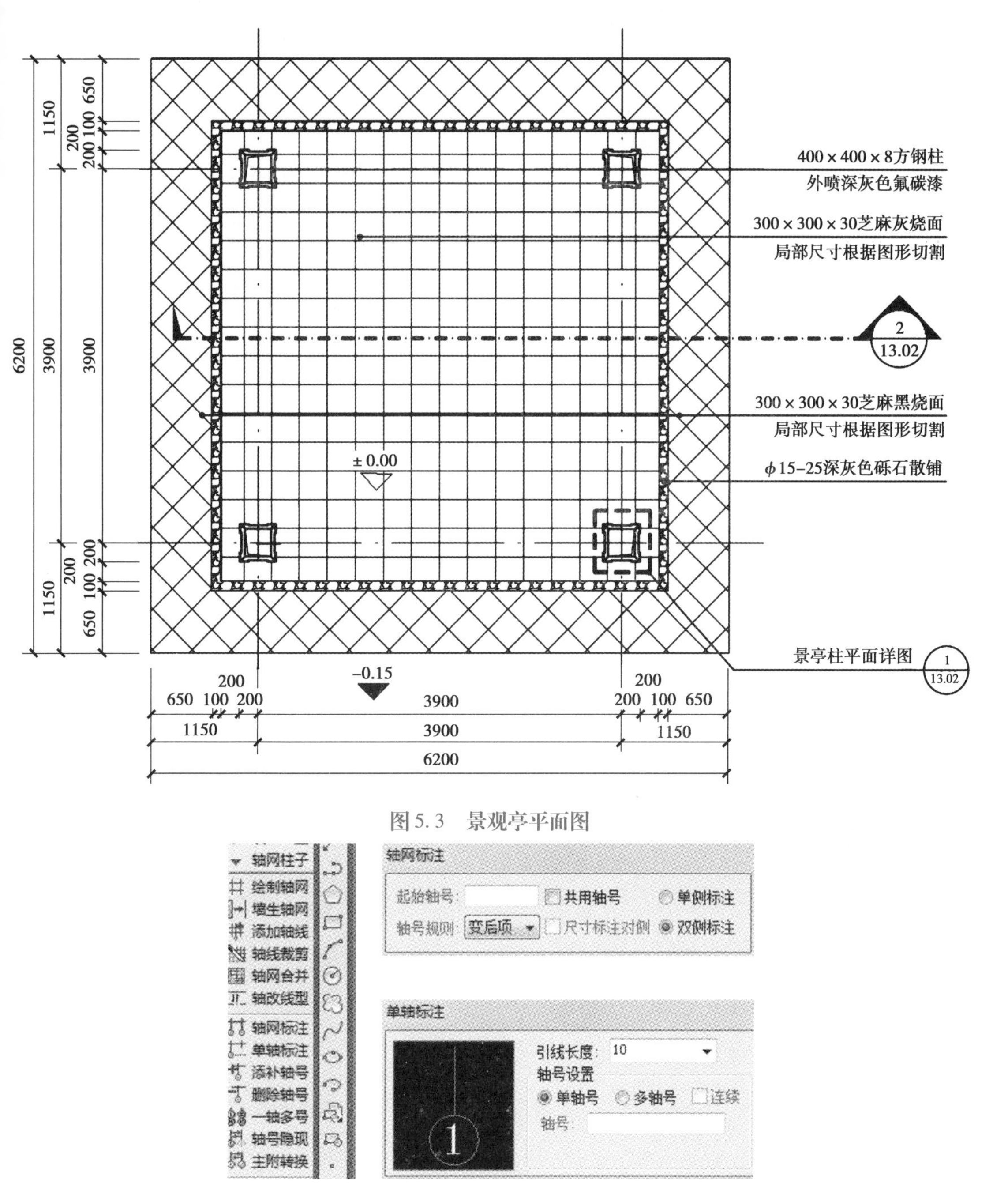

图 5.3　景观亭平面图

图 5.4　轴网标注

第 4 步:尺寸标注

在景观建筑平面图上,建筑尺寸标注一般分为 3 道:最外一道是建筑总尺寸,标示建筑的总长和总宽,图 5.3 中,景观亭占地的总长为 6 200 mm,总宽为 6 200 mm;中间一道尺寸为定位轴线之间的尺寸,用来表示园林建筑开间(3 900 mm)和进深(3 900 mm);第三道尺寸(最里一道)图为细部尺寸,用来表明建筑各构件的尺寸和构件之间的相对距离。

在使用计算机软件天正建筑2014时，可以直接应用直线标注、圆弧标注、角度标注等命令进行标注（图5.5）。

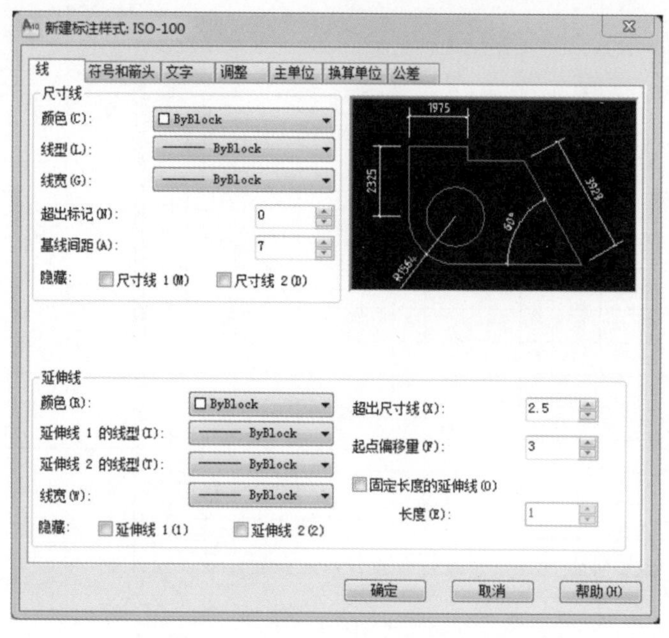

图5.5　尺寸标注菜单

进行尺寸标注，有两个注意事项。一是尺寸标注详尽，不漏不累赘。做到这一点的核心是：所有构件"定位""定形"，不遗漏；相同构件可以标注一处，或用简易标注法，不累赘。二是逻辑清晰，便于施工识读。尺寸标注要遵循就近原则，标注离尺寸线最近的一组构件，不相邻的构件可以另设一道尺寸线标注。

第5步：平面竖向设计

园林建筑小品的平面竖向设计主要是为了表达景观建筑结构的高程，比如室内外地面、楼梯平台面的标高，数值均为相对标高，一般底层室内地面为标高零点，标注为±0.00。在确定室内地面为零标高之后，运用标高符号进行地面、楼面、屋顶标高的标注（图5.3）。天正建筑软件中可用标高标注命令（图5.6），CAD软件需绘制标高符号。

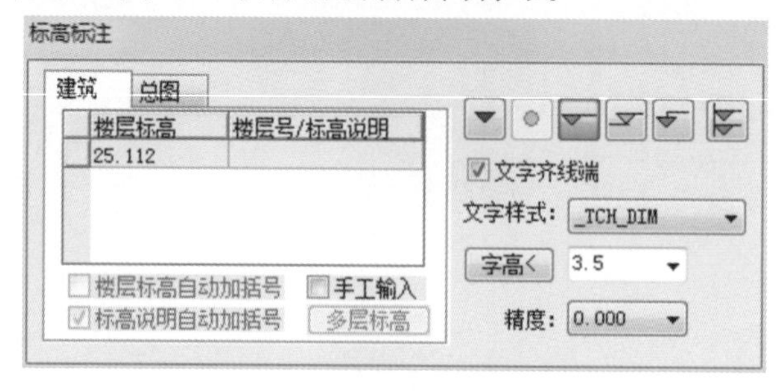

图5.6　天正建筑标高标注窗口

第6步：平面索引和引注

①平面图中需详细引注每种地面铺装材料的规格、材质、颜色、工艺。

②柱杵、楼梯台阶、檐口等平面图线密集，表达不清晰的部位，需索引绘制平面放大图。

③在平面图上标注剖面图的剖切位置和剖视方向(图5.2)。

在使用计算机软件天正建筑2014时,可直接应用索引标注、剖切符号命令进行标注(图5.7)。由于天正标注样式比较单一,各设计院常有自定的索引和剖切符号。

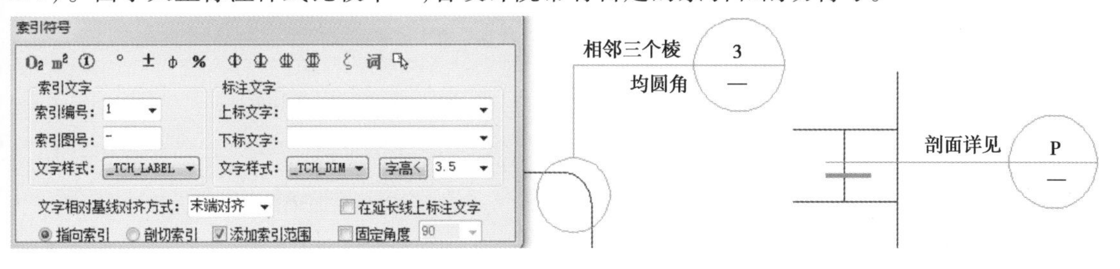

图5.7　索引、剖切标注符号

任务2　绘制养心轩立面详图

项目5任务2、3微课

【任务下达】

园林建筑小品的立面图用于表达平面形状、立面外轮廓、各部位形状花饰、高度尺寸及标高、各部位构造部件(如雨篷、挑台、栏杆、坡道、台阶、落水管等)尺寸、材料颜色、剖切位置、详图索引及节点详图。

仔细观察养心轩建筑模型和效果图,在给定的养心轩立面图基础上,详细标注尺寸和引注。

实训资料

养心轩.dwg。

实训要求

(1)立面尺寸、引注、索引详尽;

(2)标注规范、图面整洁美观。

【任务实施】

当构筑物各个立面不同时,需绘制各个面的立面图,立面图一般由立面图形、尺寸标注、引出标注、标高标注组成(图5.8)。当正立面与背立面相同、左立面与右立面相同时,可以只画正立面和左立面图,当四个面均相同时,只画一个立面图。

第1步:立面尺寸标注

立面图上的水平尺寸标注应尽量简洁,一般只需要轴线尺寸和总尺寸。但需要补充平面图上每表达的构件尺寸,如挂落、坐凳支撑柱等。

标注3道立面尺寸。由内而外3道尺寸,第1道标注柱杵高度、座凳面高度、栏杆高度、梁底高度、窗高等;第2道标注室内外地面高差、各楼层高度、屋面高度;第3道为建筑小品总高度。只有一层的建筑可只标第1和第3道尺寸。

第2步:立面标高标注

园林构筑物地面标高一般标注相对标高±0.000,其基本格式为"±0.000=绝对高程",如图

5.8 中，±0.000 = FL19.75。在室外地面、基台、座凳、檐口下方、建筑最高点标高等处标注相对±0.000的高度，以米为单位（图 5.8）。标高符号均为空心三角形，引线朝同一方向，上下对齐。

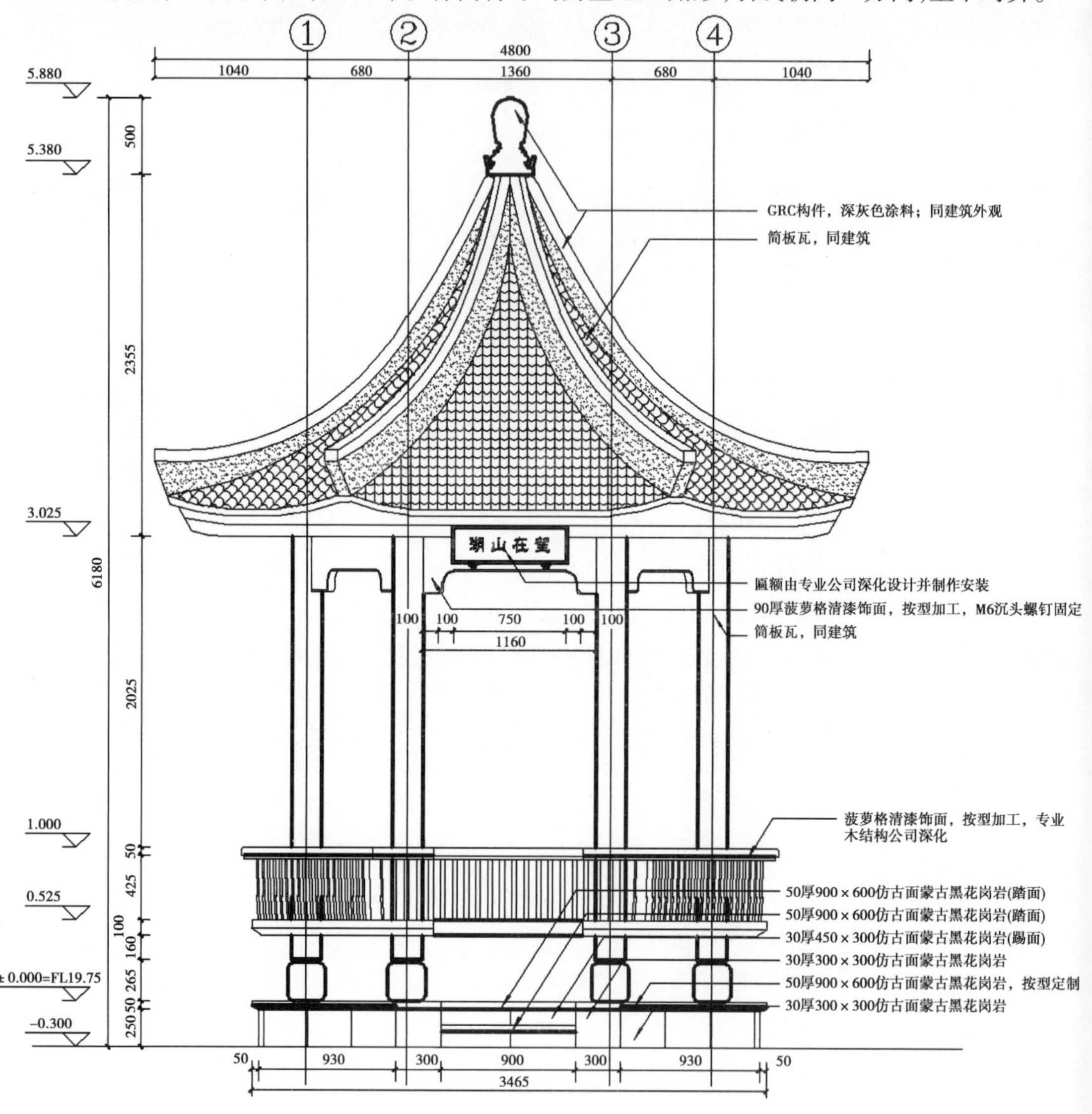

图 5.8　六角亭立面图

第 3 步：立面材料引注

建筑立面各部分装饰材料引出文字标注，一般描述方式为“规格 + 肌理 + 颜色 + 材料名称”，规格一般描述为“长 × 宽 × 厚”，如 250 ×250 ×300，表示材料长 250 mm，宽 250 mm，厚300 mm。

第 4 步：立面大样索引

立面装饰构件、檐口、宝顶等，须在立面上索引并编号。

任务3　绘制养心轩剖面详图

【任务下达】

剖面图详图是与平面图、立面图相配套和表达建筑物概况的不可或缺的图样。剖面图表示建筑物各部分的高度、层数、空间组合利用、内部结构构造关系、屋面和楼地面构造做法及相关尺寸、标高(图5.9)。

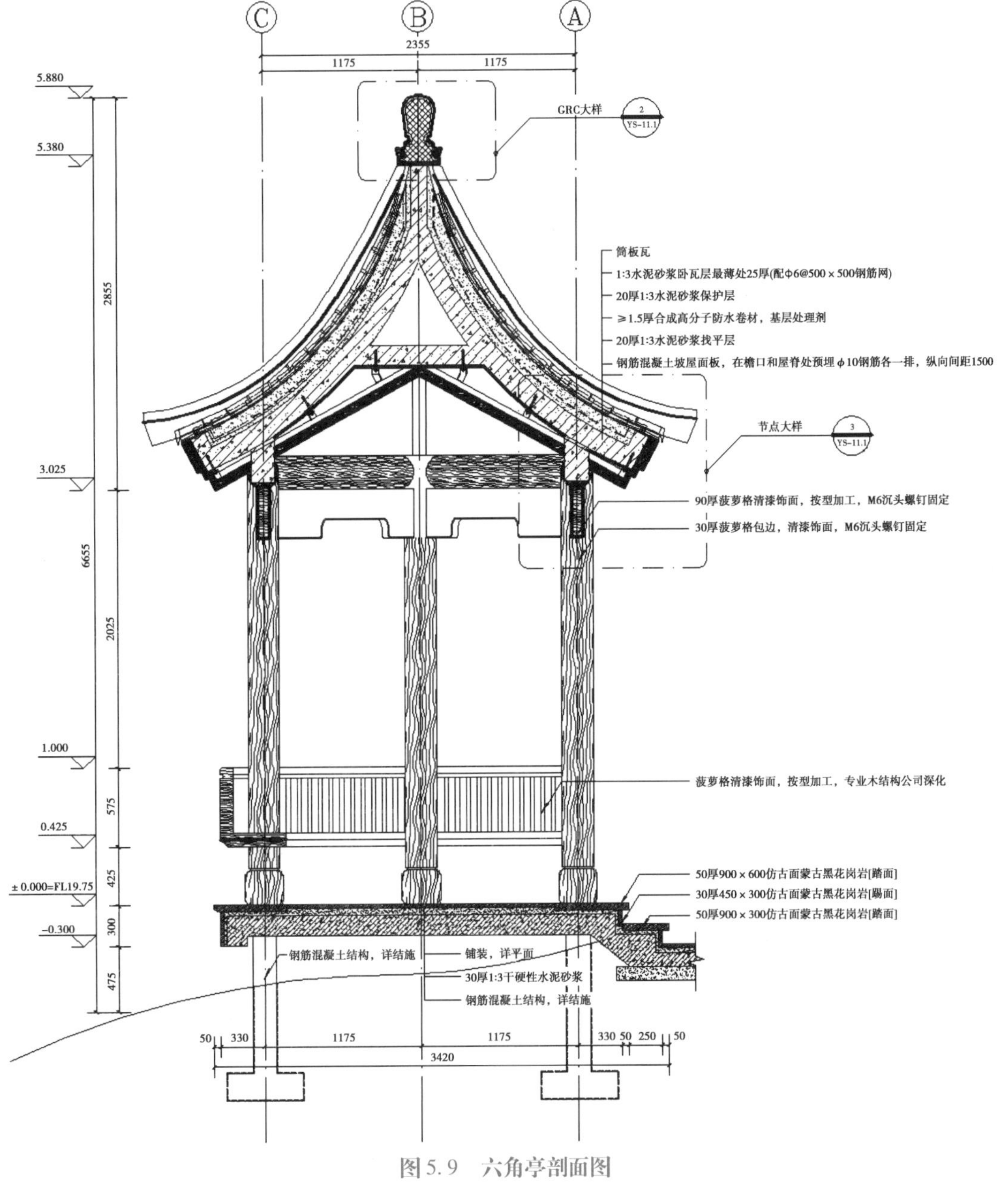

图5.9　六角亭剖面图

在方案图基础上补充剖面细节，如地面构造、基础构造、柱身顶棚细节等；深化剖面图竖向尺寸标注；所有剖切到的构件需引注材料做法；给需要更详细表达构造做法的部分加索引。

实训资料

养心轩. dwg。

实训要求

(1)剖面绘制正确，清楚表达结构构造、材料构造；

(2)结构合理、构造层次合理；

(3)标注规范、图面整洁美观。

【任务实施】

第1步：剖面尺寸标注

在剖面图中应标注出垂直方向上的分段尺寸和标高(图5.9)。一般垂直方向上的分段尺寸分为3道剖面图中应标出垂直方向上的分段尺寸和标高，但平面图中未交代清楚的水平尺寸也应标注。垂直分段尺寸一般有3道，最外面一道是总高尺寸，它表示室外地坪到建筑顶部最高点的总高度尺寸；中间一道是层高、中间段尺寸，如楼层高度；最里一道尺寸是门窗洞口、窗间墙、勒脚、檐口、梁下高等细部尺寸。另应标注剖切到的座凳、装饰格栅等的细部尺寸。

标高应标注被剖到的外墙门窗口的标高、室外地面标高、檐口、女儿墙、距地面最近的梁底标高等。

第2步：剖面引注

①剖切到的墙体、柱、地面、屋面等构造层次；

②须绘制大样的断面节点，如檐口断面、柱和檩条连接节点、栏杆连接节点、楼梯台阶等。

任务4　抄绘养心轩局部大样图

项目5任务4微课

【任务下达】

为了更清楚地表达建筑细节构造，对建筑的细部或构配件用较大的比例如1∶20、1∶10、1∶5等将其形状、大小、材料、做法，按正投影画法详细表达出来的图样，称为大样图。大样图可以是平面大样图、立面大样图或断面大样图。大样图一般应表达出构配件的详细构造、所用的材料及规格、各部分的连接方法和相对位置关系；各部位、各细部的详细尺寸、标高，有关施工要求和做法说明等；同时详图必须绘出详图符号，应与被索引的图样上的索引符号相对应。

实训资料

(1)养心轩详图六. pdf(可下载)；

(2)养心轩详图七. pdf(可下载)。

养心轩详图六

养心轩详图七

实训要求

(1)抄绘大样图详尽、全面。

(2)严格按制图标准设置图层、字体等。

(3)能理解大样表达方法、构造。

【任务实施】

第 1 步:创建布局

外部参照插入 A3 图框。有些详图,在已有的养心轩平面、立面、剖面图中已绘制,可以选定须绘制大样的部位,创建视口,视口比例按样图标注比例。

第 2 步:按样图绘制 CAD 图

需要补充的详图,在模型空间,按样图标注尺寸 1∶1绘制,注意图层管理。

第 3 步:布图

将所有详图按样图比例创建视口。密切相关的详图,如立柱截面大样、基础大样、包边大样、包边装饰意向图、柱墩立面详图,这些都是立柱相关的详图,通常放在同一张图纸内。布图时,在保证每个大样图清晰的情况下,可适当调整绘图比例,以达到整张图丰满而不拥挤,注意预留足够的尺寸标注和引注的空间。当一张图难以容下这些内容时,可以分两张或多张表达,最后一张空白部分可以放其他零星图样,如格栅、檐口等。

第 4 步:标注尺寸、引注等文字内容

这些内容比较多,而且琐碎,抄绘时,注意工作步骤和方法。一般逐个完成大样图,每个大样图按尺寸、标高、引注、索引四项逐一完成。每完成一项可以在样图上做个记号。

详图要加注图号,图号要与对应索引符号中的标号相同,详图符号用粗实线绘制直径为 14 mm的圆,当详图与被索引的图纸不在同一图纸上的时候,还要标注出被索引的图纸的图号。

【项目评价】

评价内容	评价标准	权重/%	分项得分
任务 1	尺寸定位方便施工放线,定形尺寸标注详尽; 引注、索引详尽; 标注规范、图面整洁美观	20	
任务 2	立面尺寸、引注、索引详尽; 标注规范、图面整洁美观	20	
任务 3	剖面绘制正确,清楚表达结构构造、材料构造; 结构合理,构造层次合理; 标注规范、图面整洁美观	30	
任务 4	大样图详尽、全面; 索引正确	20	
职业素养	方案执行能力、CAD 绘图能力、结构和构造应用能力	10	
总　分		100	

【拓展训练】

练习 1. 抄绘景墙施工图(图 5.10)

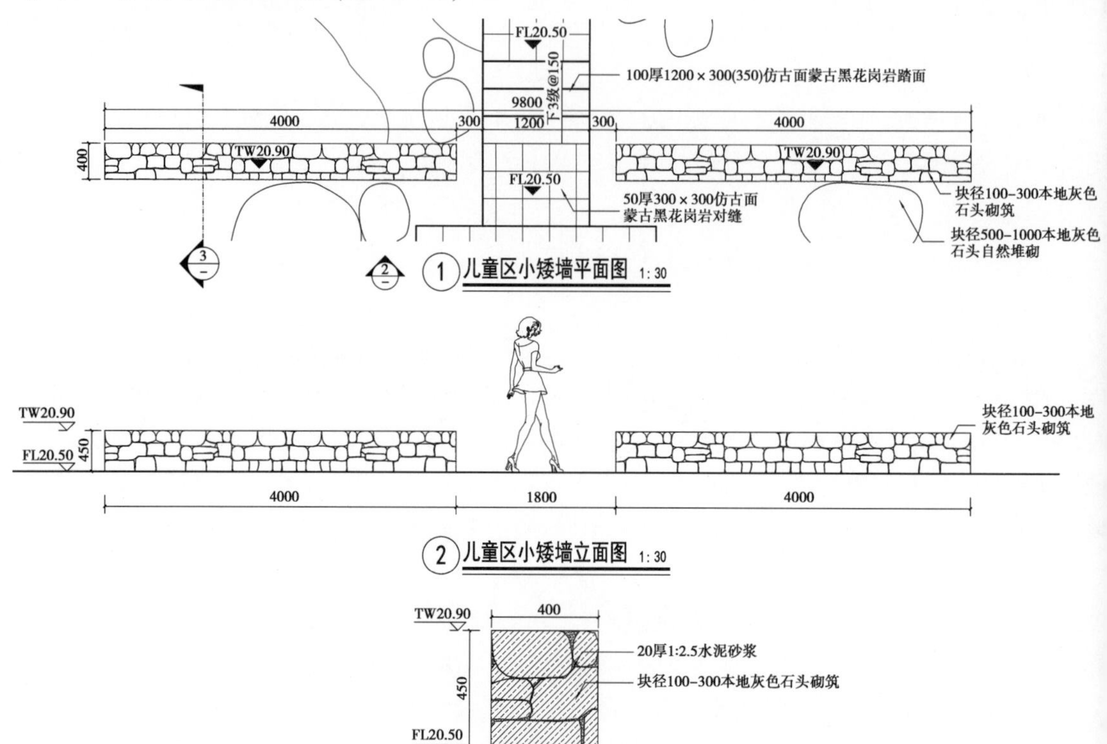

图 5.10 景墙施工图

练习 2. 抄绘景观桥施工图(图 5.11)

景观桥平面图如图 5.12 所示。

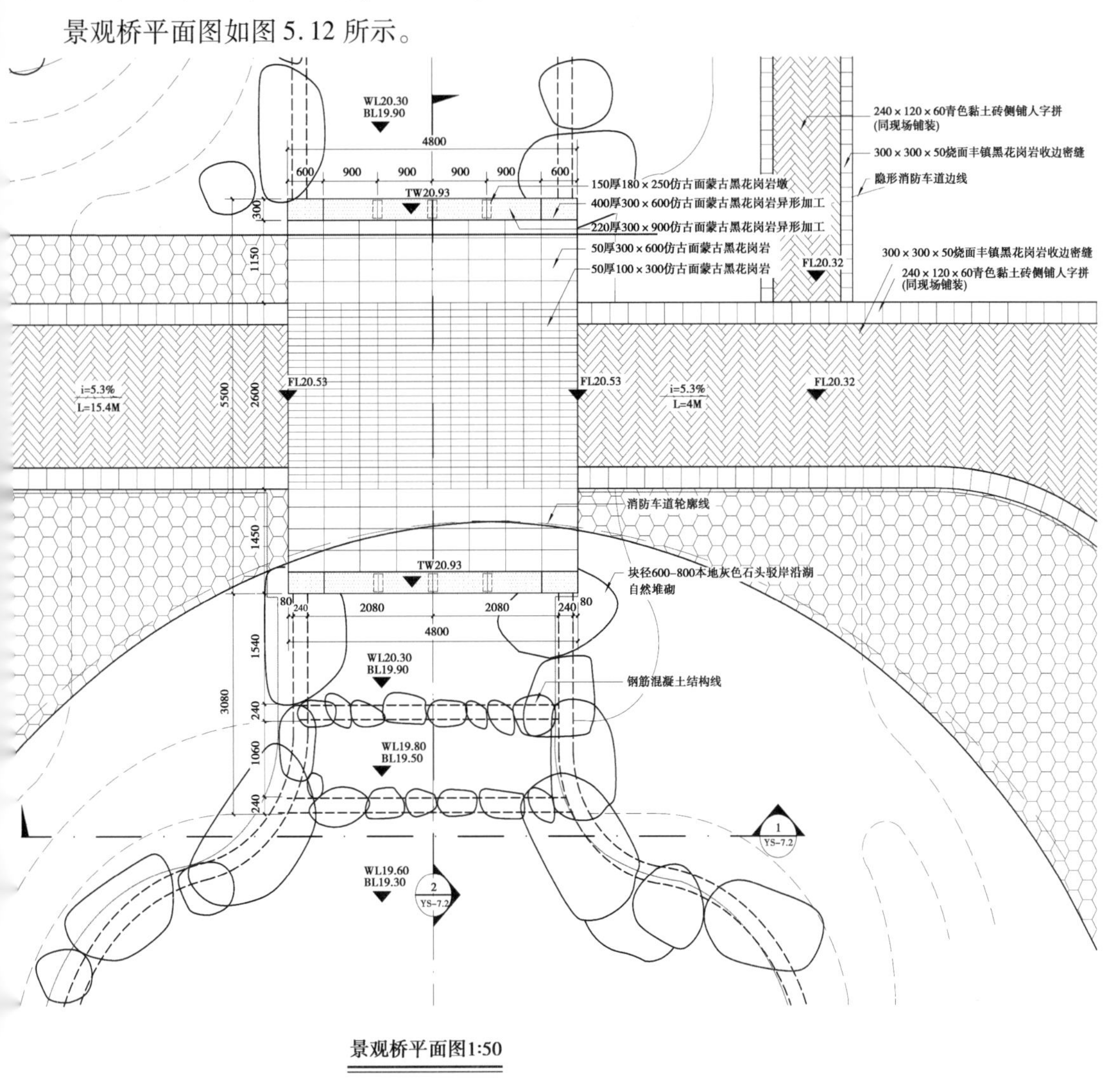

图 5.12　景观桥平面图

练习 3. 抄绘花池施工图(图 5.13)

项目6 抄绘假山施工图

项目6微课

【项目目标】

假山是三分设计七分施工，由于石材的不确定性，用图很难非常精确地对其表达。学习本项目需要熟悉各种假山材料，同时需要了解假山结构、施工放线的程序、施工工艺。本项目的学习重点是假山平面定位、断面大样的设计内容与表达方式。

【任务下达】

现代假山通常是用水泥、砖、钢丝网等塑成的假山，简称塑石假山。在材料构造、园林工程中涉及知识和实训较少，所以该部分实训以抄绘为主。

按实训步骤抄绘假山平面、立面、结构详图，掌握平面定位方式，理解布脚与假山主体、基础的关系，了解识读结构设计图。

实训资料

(1)平面图：假山顶平面网格定位图. jpg、假山布脚平面图. jpg；

(2)立面图：假山正立面图. jpg、假山背立面图. jpg；

(3)结构平面图：假山基础平面图. jpg、标高2. 930 m结构布置平面图. jpg；

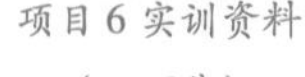
项目6实训资料
（可下载）

(4)结构剖面图：1—1结构断面详图. jpg、2—2剖面结构详图. jpg；

(5)结构详图：(DJj—1)剖面结构详图. jpg、(A—A)断面结构详图. jpg、(KZ1)索引详图. jpg、(KZ2)索引详图. jpg、B断面详图. jpg、(L2)剖面结构详图. jpg。

实训要求

(1)严格地按步骤绘制，边抄绘、边识读、边理解；

(2)图层设置需背各图层备注信息。

【任务实施】

第1步：抄绘假山平面详图

①图纸比例的确定，根据假山整体布局，合理安排假山布图比例，可用1∶200、1∶100、1∶50、1∶20。

②抄绘假山平面详图(图6. 1、图6. 2)，主要包括假山的平面布置、各部的平面形状、周围地

形和假山所在总平面图中的位置。

a.绘制假山区的基本地形。

b.绘制假山的平面轮廓线,绘制山洞、悬崖、巨石、石峰等可见轮廓及配置的假山植物。

注意事项:

假山山体平面轮廓线(即山脚线)用粗实线。平面图形内,悬崖、山石、山洞等可见轮廓的绘制则用标准实线。平面图中的其他轮廓线也用标准实线绘制。

③尺寸标注。假山平面图可以用网格定位(图6.1),网格尺寸为1.0 m×1.0 m。网格越密,施工放线精度可以越高。假山布脚、基础平台、结构定位不能用网格定位,必须有准确的尺寸标注或坐标。假山的形状是不规则的形状,因此在设计与施工的尺寸上就允许有一定的误差。在绘制平面图时,许多地方都不好标注或者为了施工方便而不能标注详尽、准确的尺寸。所以假山平面图上主要是标注一些特征点的控制性尺寸,如假山平面的凸出点、凹点、转折点的尺寸和假山宽度、总厚度、主要局部的宽度和厚度等(图6.2)。

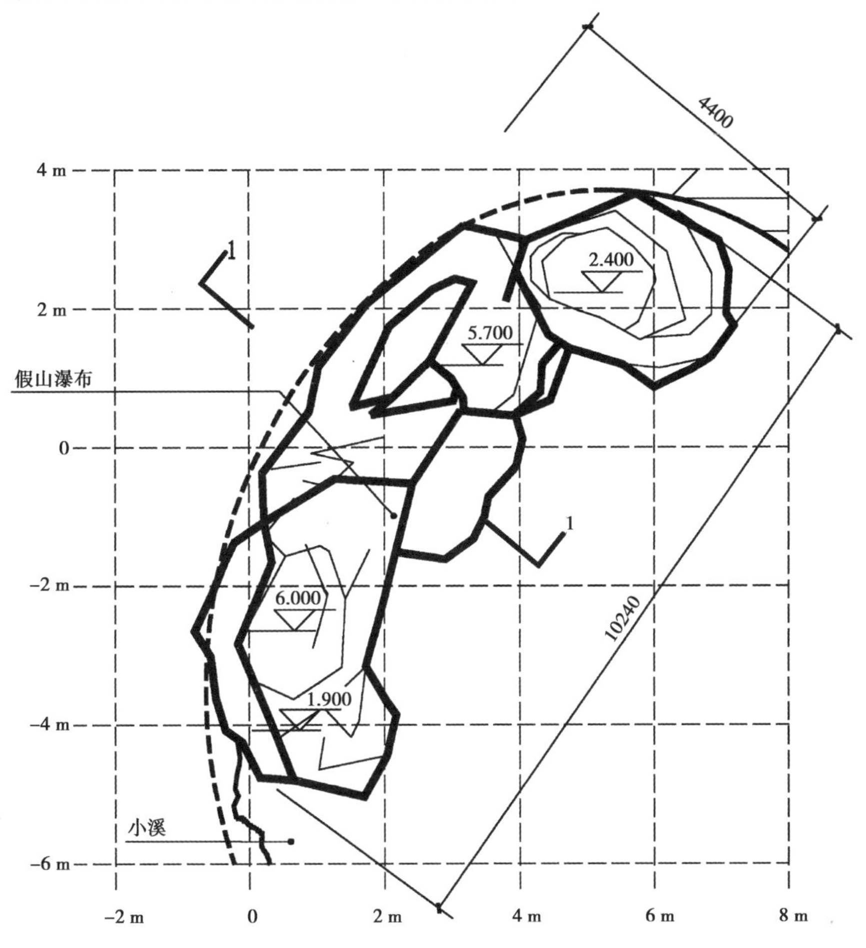

图6.1　假山顶平面网格定位图

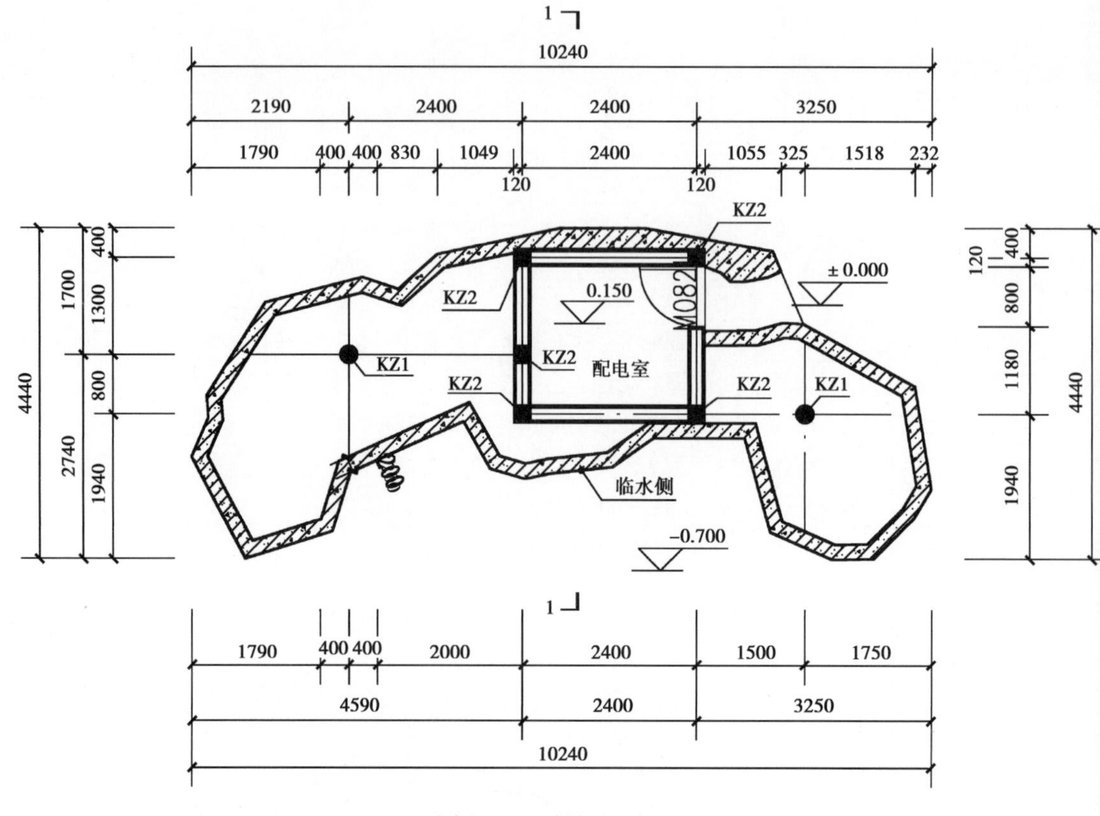

图6.2　假山布脚平面图

相关知识：

布脚是指山脚轮廓线，布脚设计就是对山脚线的线形、位置、方向的设计。假山在布脚时应按以下方法进行：

①山脚线应当设计为回转自如的曲线形状，尽量避免成为直线。曲线向外凸，假山的山脚也随之向外凸出，向外凸出达到比较远时，就可形成一条余脉，曲线若是向里凹进，就可能形成一个回弯或山坳。

②山脚曲线凸出或凹进的程度大小根据山脚的材料而定。

③山脚设计过程中要注意随弯就势，如同自然。

④保持山体结构稳定。

第2步：抄绘假山立面详图

①按照假山平面详图的比例进行绘制，与平面图上的外轮廓、峰顶、流水瀑布口、凹凸关系一一对应。

②绘制假山平面详图内容，主要包括假山立面所有可见部分的轮廓形状、表面皴纹，并绘制出植物等配景的立面图形（图6.3、图6.4）。

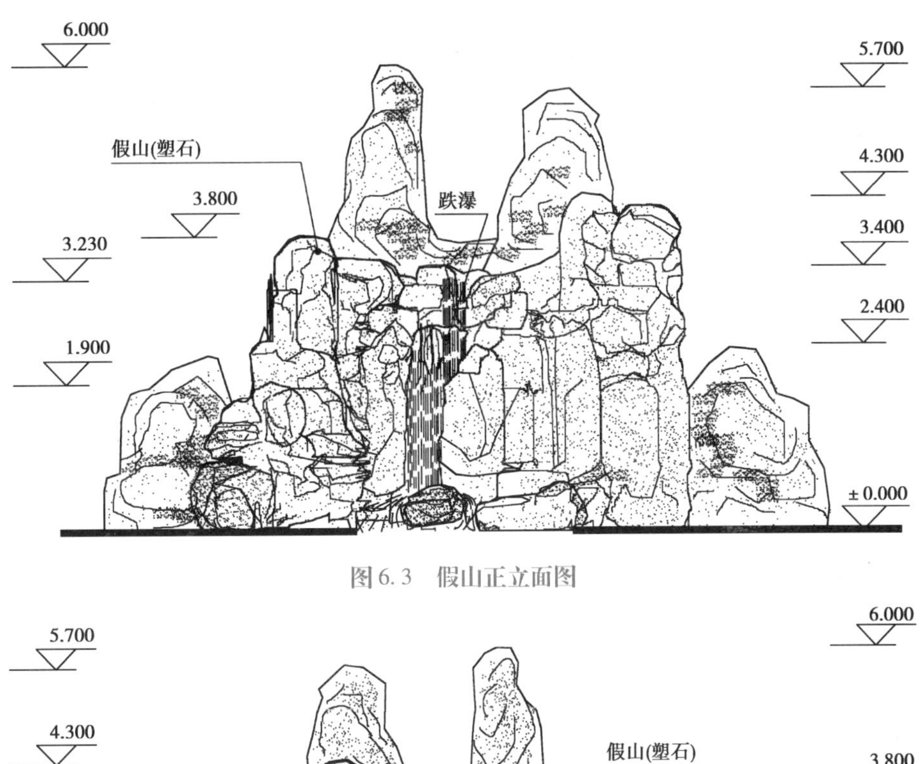

图6.3 假山正立面图

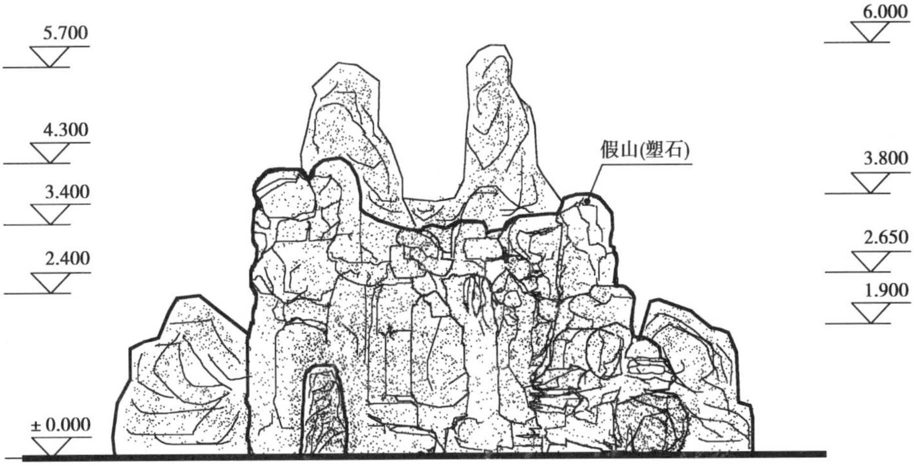

图6.4 假山背立面图

注意事项:

绘制假山立面图形一般采用白描画法。假山外轮廓线用粗实线绘制,山内轮廓以中粗实线绘出,皴纹线用细实线绘制。

③假山立面图的方案图可只标注横向的控制尺寸,如主要山体部分的宽度和假山总宽度等。在竖向方面,则用标高箭头来标注主要山头、峰顶、谷底、洞底、洞顶的相对高程。在绘制施工图过程中,横向的控制尺寸应标注得更详细一点,竖向也要对立面的各种特点进行尺寸标注(图6.3、图6.4)。

第3步:抄绘假山基础结构图

假山结构设计主要包括基础、山体、山顶三大部分,在局部假山区域中,还有山洞、悬崖等结构部分。

①抄绘基础平面图。

复制假山布脚平面图,按图 6.5、图 6.6 修改成基础平面图和结构布置图。

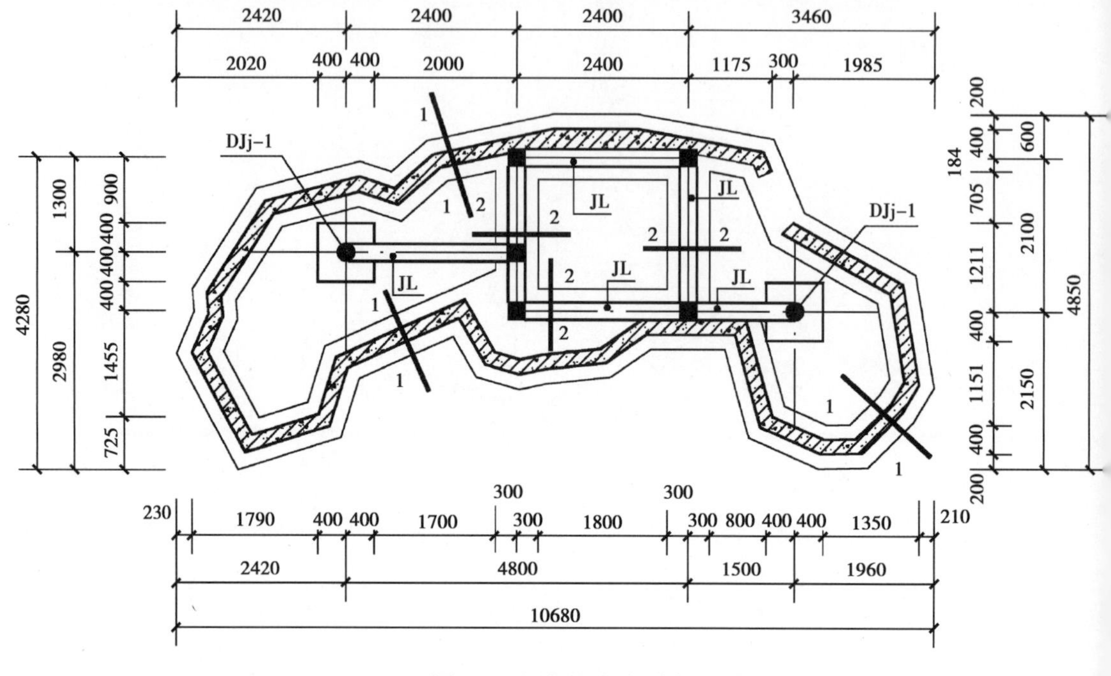

图 6.5　假山基础平面图

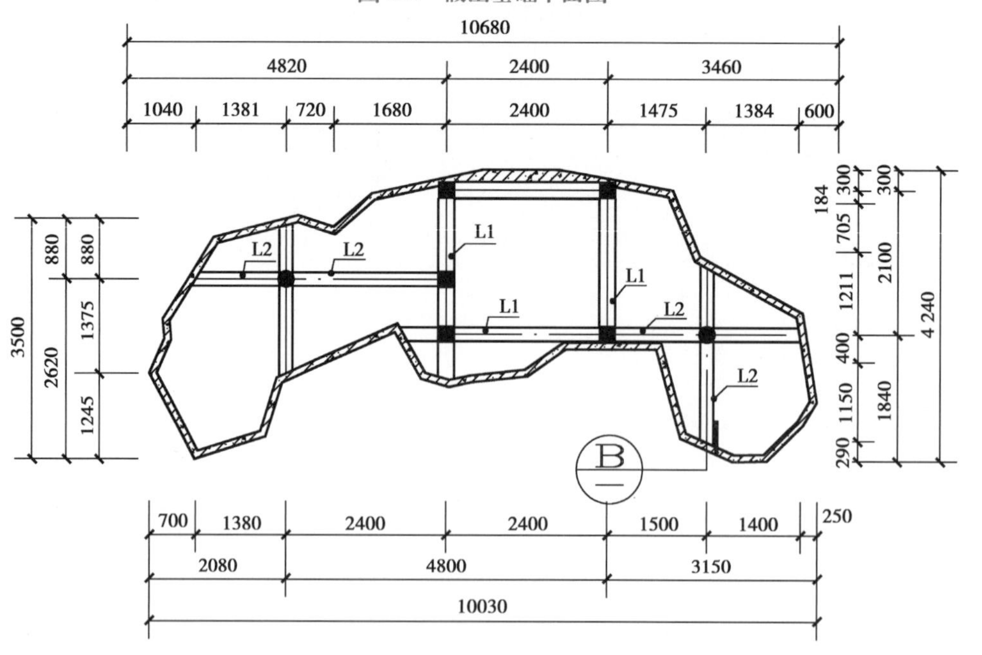

图 6.6　标高 2.930 m 结构布置平面图

②抄绘基础大样图(图 6.7—图 6.10)。

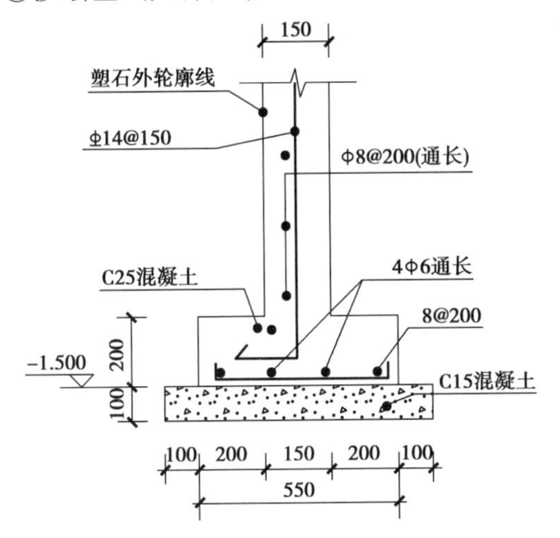

图 6.7　1—1 结构断面详图

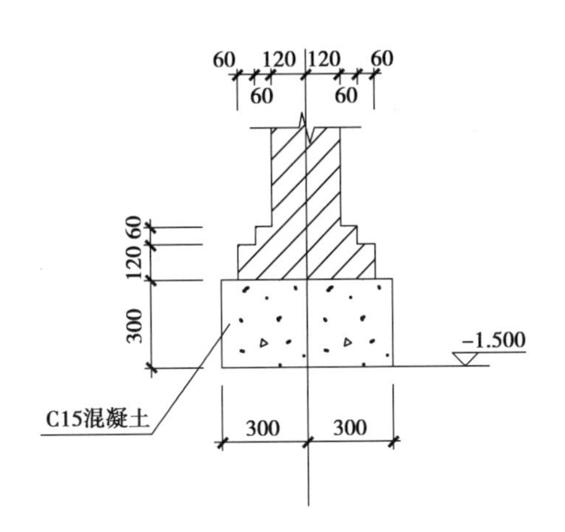

图 6.8　2—2 剖面结构详图

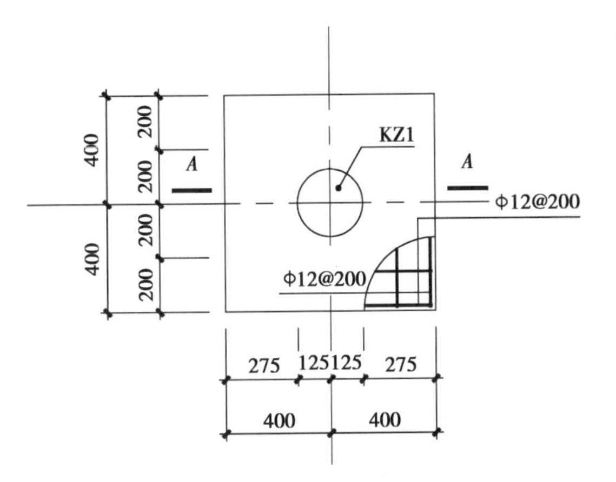

图 6.9　(DJj—1)剖面结构详图

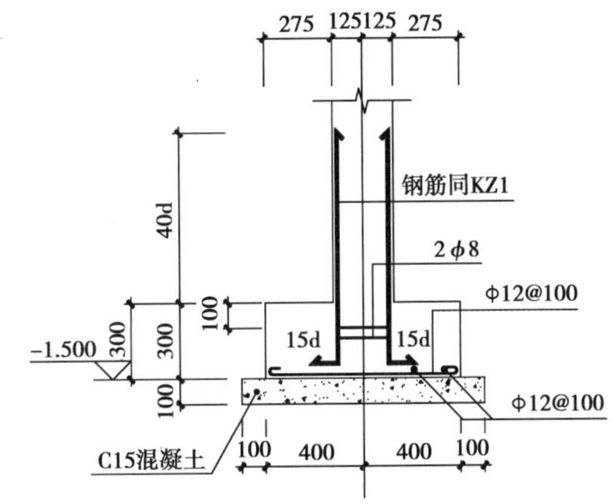

图 6.10　(A—A)断面结构详图

相关知识:

假山基础设计是根据假山的类型和假山工程规模而定的。人造土山和低矮的山石一般不需要基础,山体直接在地面上堆砌。高度在 3 m 以上的山石,就要考虑设置适宜的基础。通常情况下,高大、沉重的大型山石,需要选用混凝土基础或块石浆砌基础;高度和质量适中的山石,可用灰土基础或桩基础(图 6.5、图 6.6)。

1)*混凝土基础*

混凝土基础从下至上的构造层次及其材料做法:

(1)素土土地地基(夯实);

(2)砂石垫层(厚 30 ~ 70 mm);

(3)混凝土基础层。

基础在陆地上:厚 100 ~ 200 mm;C15 混凝土,或 1:2:4 ~ 1:2:6的水泥、砂和卵石配成。

基础在水体下:厚 500 mm;C20 混凝土。

2）浆砌块石基础

混浆砌块石基础从下至上的构造层次及其材料做法：

（1）素土土地地基（夯实）；

（2）30 mm 粗砂作找平层；

（3）300～500 mm 厚 1∶2.5 或 1∶3水泥砂浆砌一层块石。

3）灰土基础

主要采用石灰和素土按 3∶7的比例混合而成。灰土每铺一层厚度为 30 cm，夯实到 15 cm时为一步灰土。在设计灰土基础时，要根据假山高度和体量大小来确定采用几步灰土，一般情况下，高度在 2 m 以上的基础，其灰土基础可设计为一步素土加两步灰土。2 m 以下的假山，则可按一步素土加一步灰土设计。

4）桩基础

现代假山的基础基本采用混凝土桩基础。做混凝土桩基，先要设计并预制混凝土桩，其下端应为尖头状。

注意事项：北方地区有水的假山不宜选用砖基础、灰土基础。

第 4 步：抄绘假山山体结构详图

抄绘图 6.11—图 6.14。

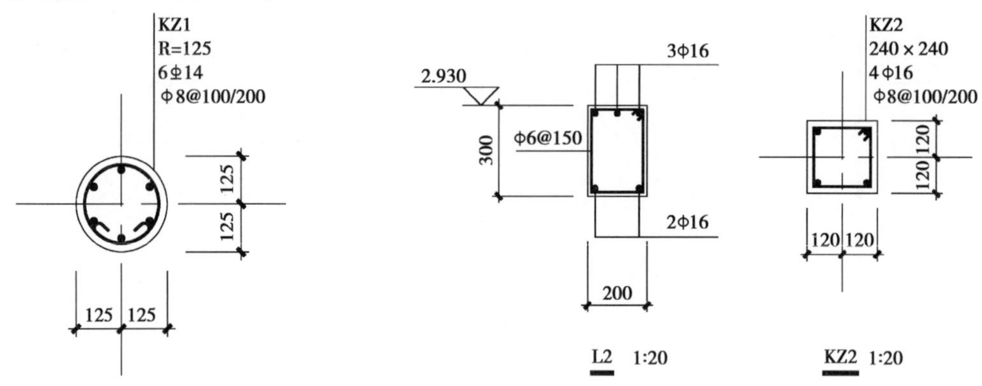

图 6.11 （KZ1）索引详图

图 6.12 （KZ2）索引详图

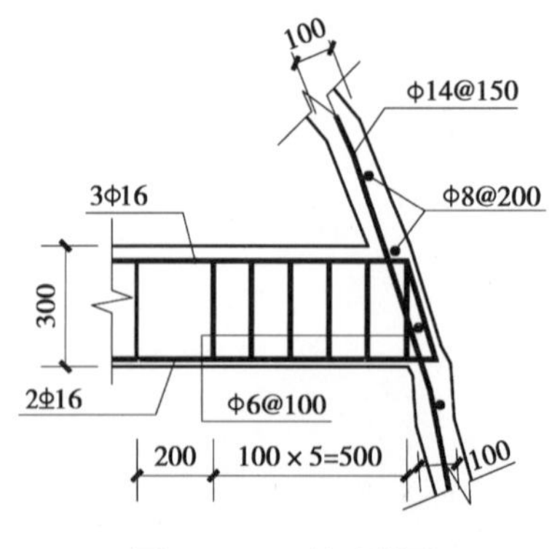

图 6.13 B 断面详图

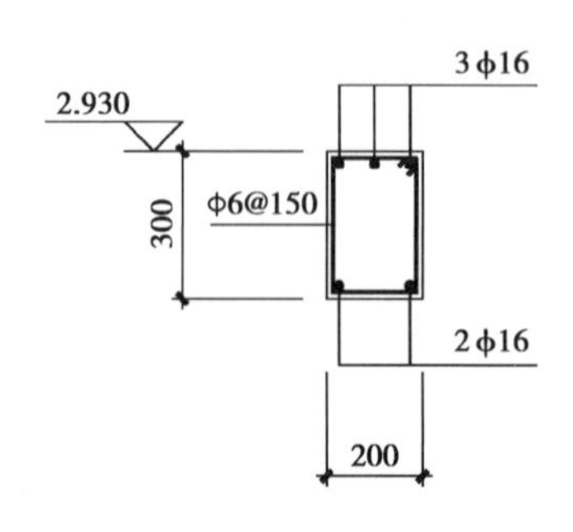

图 6.14 （L2）剖面结构详图

相关知识：

山体结构主要是指假山山体内部的结构。

1）**环透式结构**

采用环透结构的假山，其山体孔洞密布，嵌空穿眼，显得玲珑剔透。在叠山手法上，为了突出太湖石类的环透特征，一般采用拱、斗、卡、搭、连、飘、扭曲、做眼等手法。

2）**层叠式结构**

假山结构若采用层叠式，则假山立面的形象就具有丰富的层次感，一层层山石叠砌成山体，山形朝横向伸展，或敦实厚重，或轻盈飞动，容易获得多种丰富生动的艺术效果。主要方式是水平层叠和斜面层叠。

3）**竖立式结构**

竖立式结构可以表现假山挺拔、雄伟、高大的艺术形象。山石全部都采用立式堆叠，山体内外的沟槽及山体表面的主导皴纹线，都是从下至上竖立着的，整体呈向上伸展的状态，这种结构分为直立结构和斜立结构。

山顶是假山最为突出的、最集中视线的部位。它分为峰顶式、峦顶式、崖顶式、平山顶式4种类型。

（1）峰顶式。常见的假山山峰顶为分峰式、合峰式、剑立式、斧立式、流云式和斜立式。

（2）峦顶式。常见的假山峦顶有圆丘式、梯云式、玲珑式和灌丛式。

（3）崖顶式。山崖是山体陡峭的边缘部分，其形象与山的其他部分不同。山崖既可作为重要山景部分又可作为登高远望的观景点。常见的形式为平坡式、斜坡式、悬垂式、悬挑式。

【项目评价】

评价内容	评价标准	权重/%	分项得分
抄绘	抄绘完整； 线型、图层等设置正确； 标注规范、图面整洁美观	90	
职业素养	方案执行能力、CAD绘图能力、结构和构造应用能力	10	
总　分		100	

项目7 抄绘水景详图

项目7微课

【项目目标】

水景的形式多种多样，有瀑布、跌泉、喷泉、水幕、流水壁、喷水景墙、溪流等，有规则式水景，也有自然式水景；有刚性水池，也有柔性水池。在该项目实训中需掌握水景最基础的构造，如刚性水池、柔性水池不同构造，特别是水池防水构造、池壁构造。还需掌握水专业的相关知识，如一池三口、泵坑、水循环体系等。

【任务下达】

山水宜结合一体，才相得益彰。在项目6中，已经抄绘过假山施工图，在本项目实训中，虽有部分置石，但重点在水景。抄绘“项目7”目录下所有PDF文件。

实训资料

（1）假山跌水水景网格定位平面图.pdf（可下载）；
（2）假山跌水水景尺寸定位平面图.pdf（可下载）；
（3）假山跌水水景立面图.pdf（可下载）；
（4）假山跌水水景索引竖向平面图.pdf（可下载）；
（5）假山跌水水景详图一.pdf（可下载）；
（6）假山跌水水景详图二.pdf（可下载）。

假山跌水水景网格定位平面图

假山跌水水景尺寸定位平面图

假山跌水水景立面图

假山跌水水景索引竖向平面图

假山跌水水景详图一

假山跌水水景详图二

实训要求

（1）尽量独立思考后再抄绘；
（2）边抄绘边理解；
（3）标注规范、图面整洁美观。

【任务实施】

第 1 步:抄绘水景平面图

结合材料构造、园林工程所学知识,通识所有图纸。根据总图索引内容,进行水景详图的绘制。

1)整理水景平面图,确定其轮廓总尺寸

用粗实线表达水体边界轮廓线以及高出地面的附属物边线,池底铺装用灰色特细线,泵坑轮廓为粗虚线,其余为细实线。

2)平面尺寸标注

平面尺寸标注确定水景平面的定位、定形,以表达水景各种构件材料的关系,方便施工。

自然式平面主要用网格法定位(图 7.1)。网格线可使用总平面定位图中的网格,也可以采用独立网格。采用总平面定位图中的网格,用总图网格序号定位,网格线的密度在原网格尺度上整数倍加密。独立的网格定位系统须标注网格原点的坐标定位,网格线的密度根据元素尺度大小及纹样复杂程度而定,如元素尺度大且纹样简单,网格密度可稀疏些,相反可细密些。

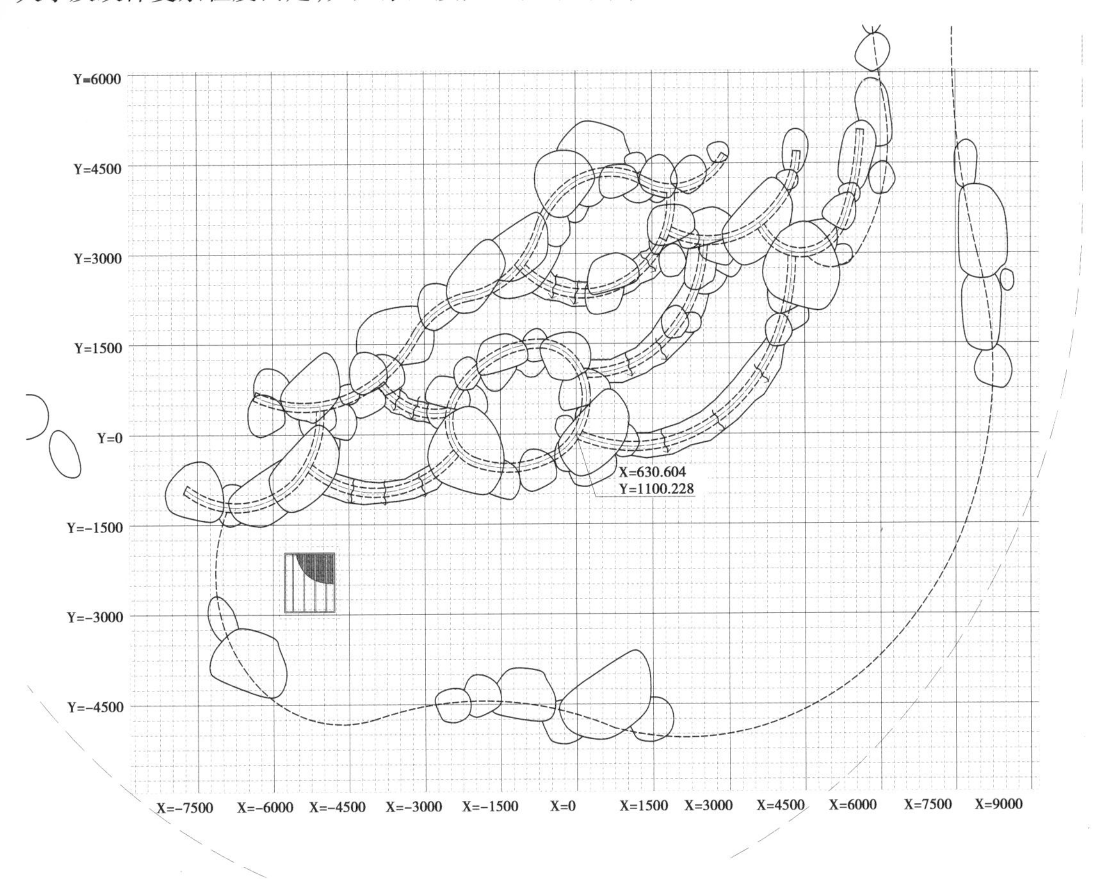

图 7.1　假山跌水水景网格定位平面图

不规则平面的水池池壁如果采用混凝土结构,需准确定位和定形(图 7.2)。

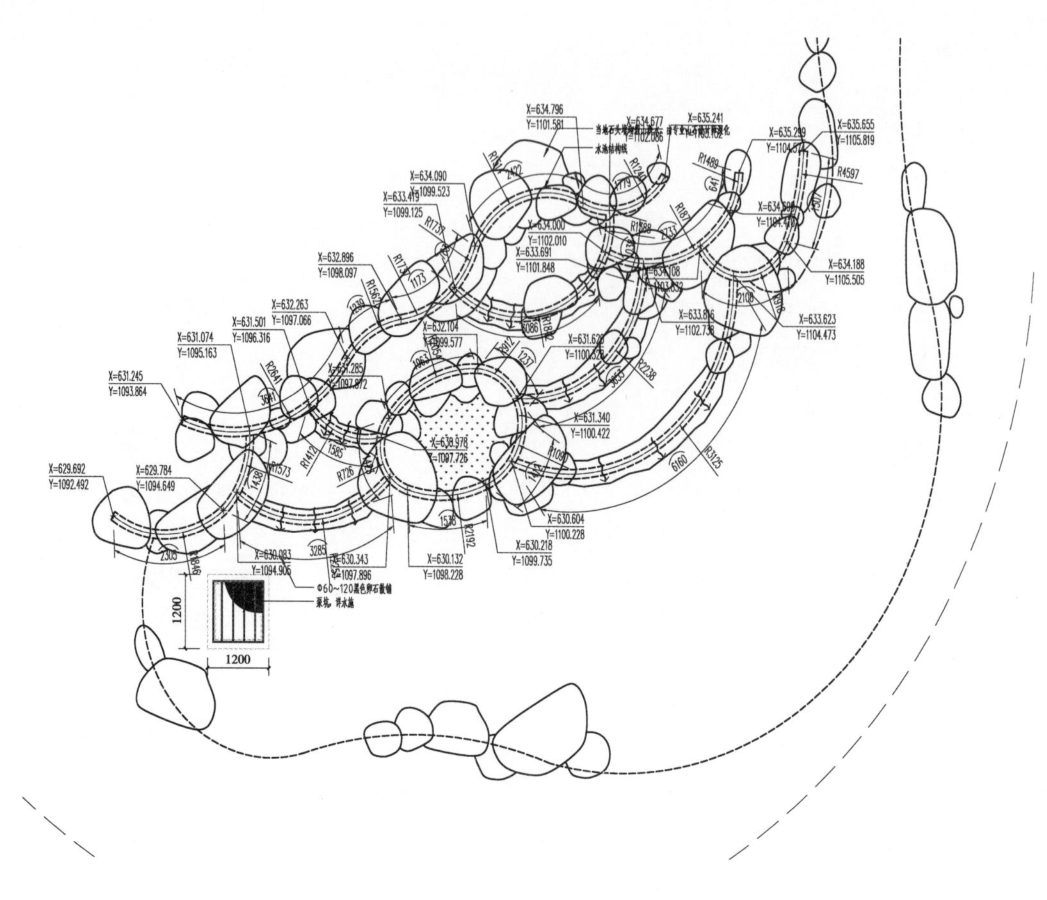

图7.2　假山跌水水景坐标定位平面图

相关知识：

规则式水池，需要准确的尺寸、定位和与其他景观元素的对位关系，不能用网格法标注。其定位方式如下：

(1)平面定位

如水景为轴对称图形，可以中心(线)来定位。

规则式水景因具有明确的几何关系，可通过标注坐标或尺寸定位，如圆形水池只需将水池圆心坐标明确即可定位水池或者标注水池圆心距一个已知点的水平和垂直两个方向的尺寸即可。

(2)平面尺寸

①水景元素位置确定后还需标注尺寸以明确其形的大小，如水池长宽尺寸或半径。宜标注完成面尺寸。通常情况下，大于1∶100的比例才能较好地标注全部内容，如果不能则需要放大平面形成下一级的定位平面图。

②标注每个元素的边界轮廓尺寸、内部尺寸(所有线条间的尺寸)，标注地面铺装分隔线的定位尺寸和定形尺寸。

③标注每个元素定位轴线间的尺寸(角度或长宽尺寸),标注其中一个定位轴线与一个确定点的定位关系。

(3)定位和定量

每个设计单元都存在定位和定量问题,如水池,首先要标注其定位尺寸,然后是其定量尺寸即它的大小,平面长与宽。对称布局的元素,每个都要定位,但其大小尺寸可只标注一个;以元素为中心,尽量给元素一个完整的标注,并尽量连续标注,这样可防止漏标;平面标注是两维度的,任何一个元素都存在长、宽两个方向的定形尺寸和两个方向的定位尺寸(图7.3)。

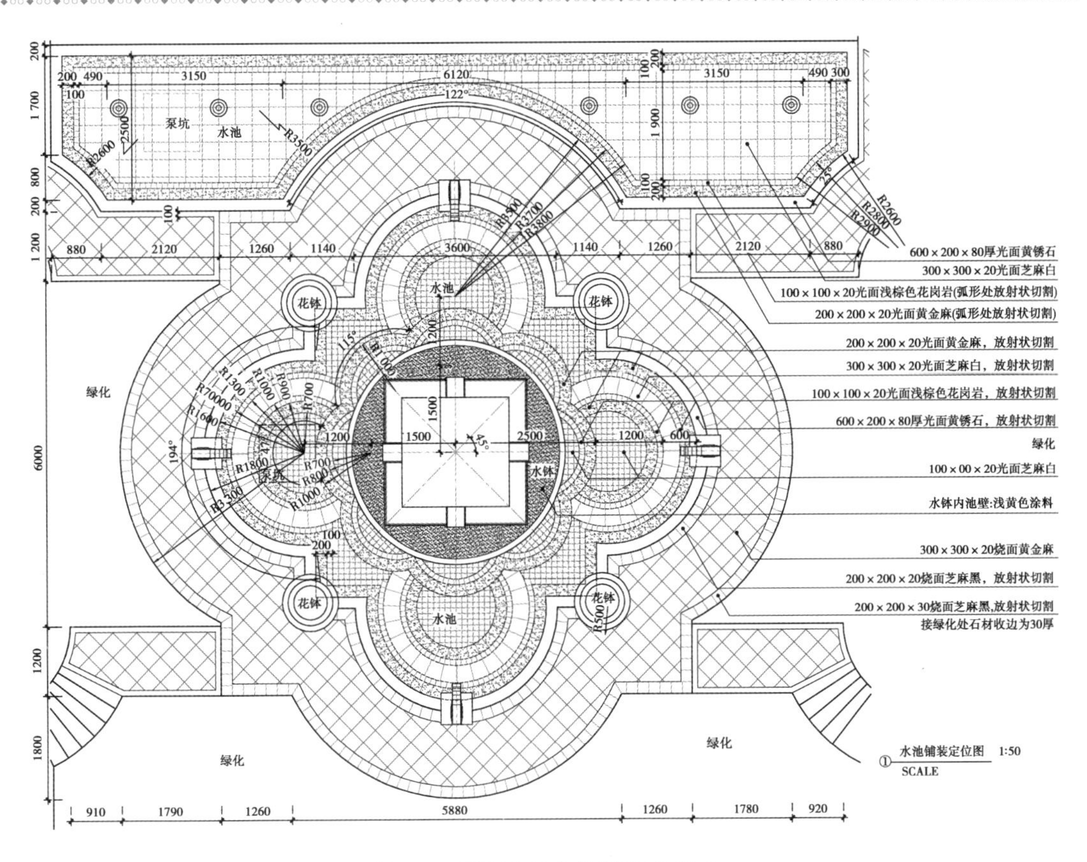

图7.3 规则水景定位标注平面图

3)竖向设计

水景竖向设计主要是表明水景地面、水景水体底部、水体水平面、高出水景地面的附属物平面的竖向高度。

根据水景平面的设计内容,结合总体竖向设计确定水景地面的标高、水体底部最低标高、水面标高、高出水景地面的附属物的标高(图7.4)。

注意事项:

在竖向平面图中,尽量不画铺装分隔线,如果确实需要它作为标高的定位,可用极细的实线表示;

标注完成面的绝对标高，如位置太小标不下，则可以用引出线，在引出线上方标注标高符号和数字；可涉入式水景的水深应小于 0.3 m，以防止儿童溺水，同时水底应做防滑处理；

水中汀步，面积不小于 0.4 m×0.4 m，并满足连续跨越的要求；

池岸必须作圆角处理，铺设软质渗水地面或防滑材料。

4）**平面引注**

（1）水景平面的文字标注　根据水景平面详图的设计内容进行文字说明标注，水体水面应注明“水面”字样，每个水景元素均应标注其名称，如水景墙、跌水的名称等。

（2）填充图例的选择和标注　不同铺装分隔线之间应填充合适的铺装材料图例，如花岗岩、木材等，这样可以让人一目了然所铺的材料。草地应填充植物图例，木铺地（木栈道）填充条状图例，水面应示意若干水波纹。所有停留或行走的地面均需填充铺装材料。收边块砖如果是弧形则需考虑曲率半径，块材长度要适宜不能太长，以免弧形过于生硬不好看。铺装表达详见项目 4 铺装设计。

（3）放大平面图、剖面图和详图索引的索引标注　水深竖向和缩影平面图如图 7.4 所示。

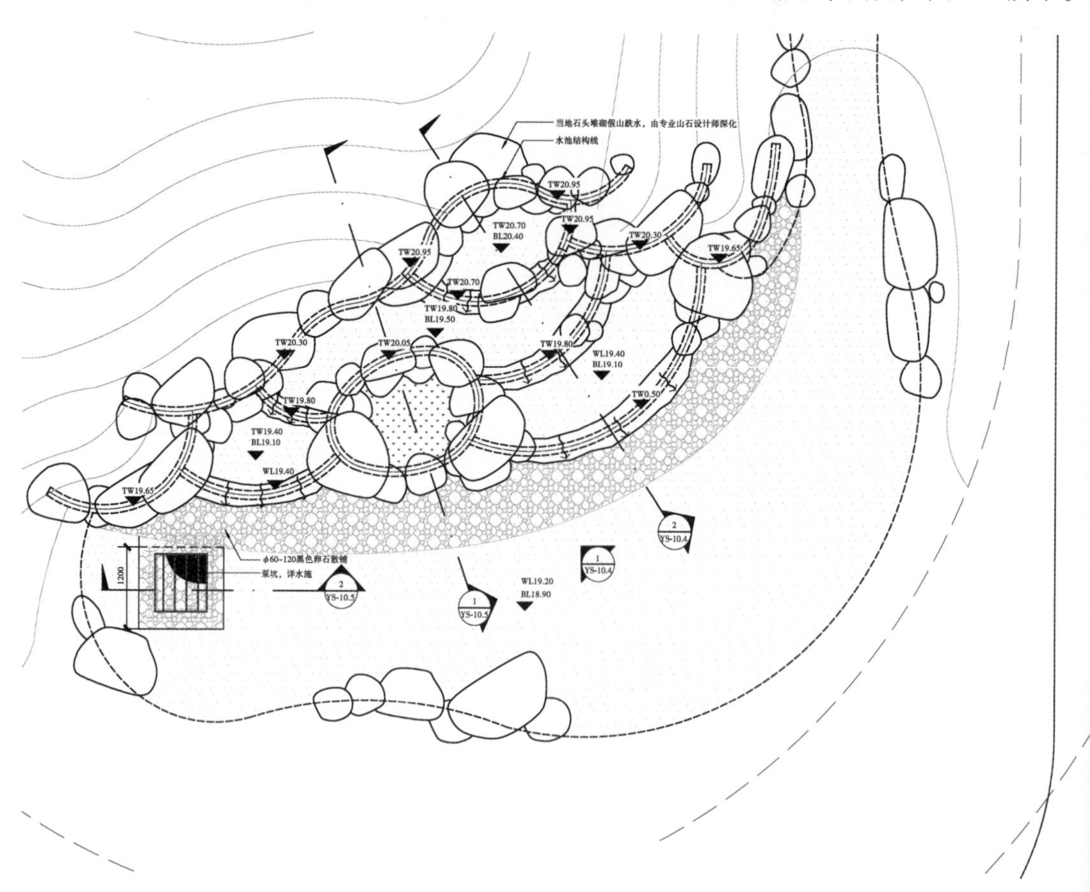

图 7.4　水景竖向和索引平面图

所有放大平面图、剖面图和详图索引的索引符号规定:索引符号如果是剖面图索引,应在被剖切的位置绘制剖切线并以引出线引出索引符号;如果只想表达剖切面剖切到的局部内容,则剖切引出线一侧的粗短线应当在需要剖切的位置的开始与结束处表示。索引符号如果是平面放大,则可以用粗虚线将需要放大的部分围起来,再以引出线索引出去;如果需要放大的部分相对较独立完整,也可以不用粗虚线包围,直接引出即可。详图索引符号引出线上方应标明实体名称,以方便识图。

第 2 步:抄绘园林水景的剖立面图

水景剖面图主要表现水景中各造型元素间的位置关系、水池结构位置及形式,可以尽量多地表现设计细节(图 7.5)。在水池过大,构造细节表达不清时,剖立面图也可仅表达立面形式、尺度、构件间的位置关系(图 7.6),构造细节在详图中表达,见第 3 步。

①抄绘剖立面图(图 7.6)。水景剖立面图是为了表达水景整体的竖向上的相对关系,以及协调内部构造做法,比例多为 1∶100。用粗实线表达剖切到的实体的断面,用细实线表达看到的实体边线。

②剖面图尺寸标注。水景剖面的尺寸标注主要表达两个方面:

a. 标注完成面绝对标高。

b. 标注竖向尺寸、细部尺寸、总高度。

③剖面引注。剖切到的池壁、池底构造层引注;节点大样索引。

第 3 步:抄绘水景构造详图

水景构造详图设计主要表现水景中池岸、池底结构,表层(防护层)、防水层的施工做法,池底铺砌及驳岸的断面形状、结构、材料和施工方法和要求,池岸与山石、绿地、树木结合部的做法等。

设计师主要通过剖面图详图来表现水景构造详图(图 7.7)。

①水景详图的比例多为 1∶20 的剖面详图。

②用粗实线表达剖切到的主体结构部分,其余用细实线表达。

③标注完成面绝对标高。

④用“做法标注”标注水景构造做法,用文字说明或图例说明。

⑤标注垂直方向的尺寸和绝对标高,完成面绝对标高。

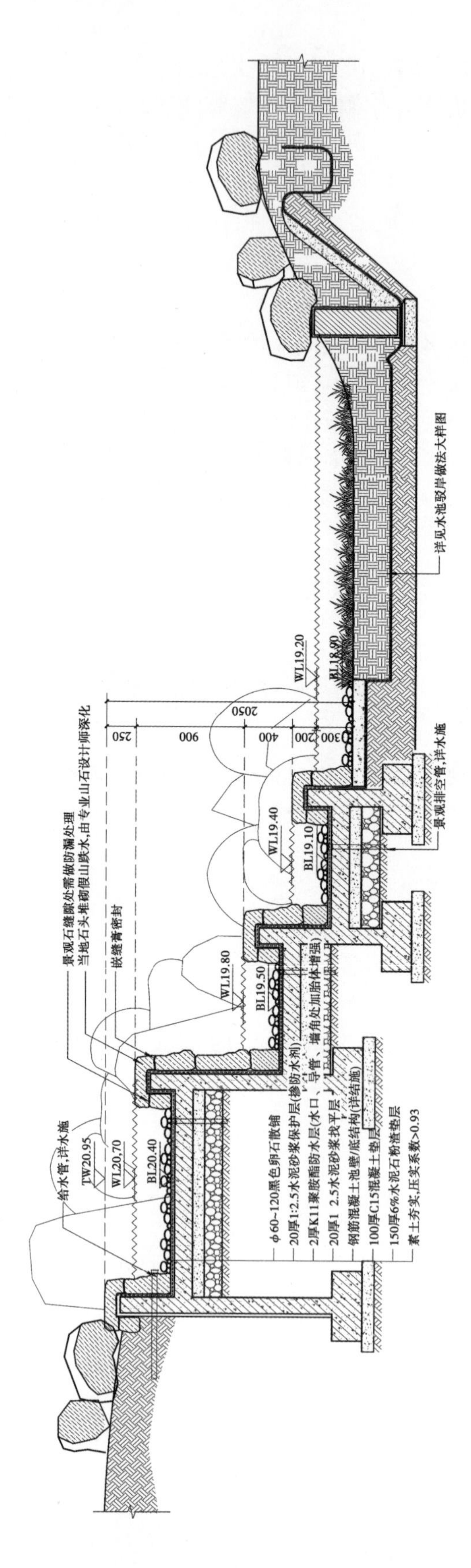

给水管,详水施
TW20.95
WL20.70
BL20.40
景观石缝隙处需做防漏处理
当地石头堆砌假山跌水,由专业山石设计师深化
嵌缝膏密封
250
900
400
200
300
2050
WL19.80
BL19.50
WL19.40
BL19.10
WL19.20
BL18.90
ϕ60~120黑色卵石散铺
20厚1:2.5水泥砂浆保护层(掺防水剂)
2厚K11聚胺酯防水层(水口、导管、墙角处加胎体增强)
20厚1 2.5水泥砂浆找平层
钢筋混凝土池壁/底结构(详结施)
100厚C15混凝土垫层
150厚6%水泥石粉渣垫层
素土夯实,压实系数>0.93
景观排空管,详水施
详见水池驳岸做法大样图

图 7.5　水景剖面图

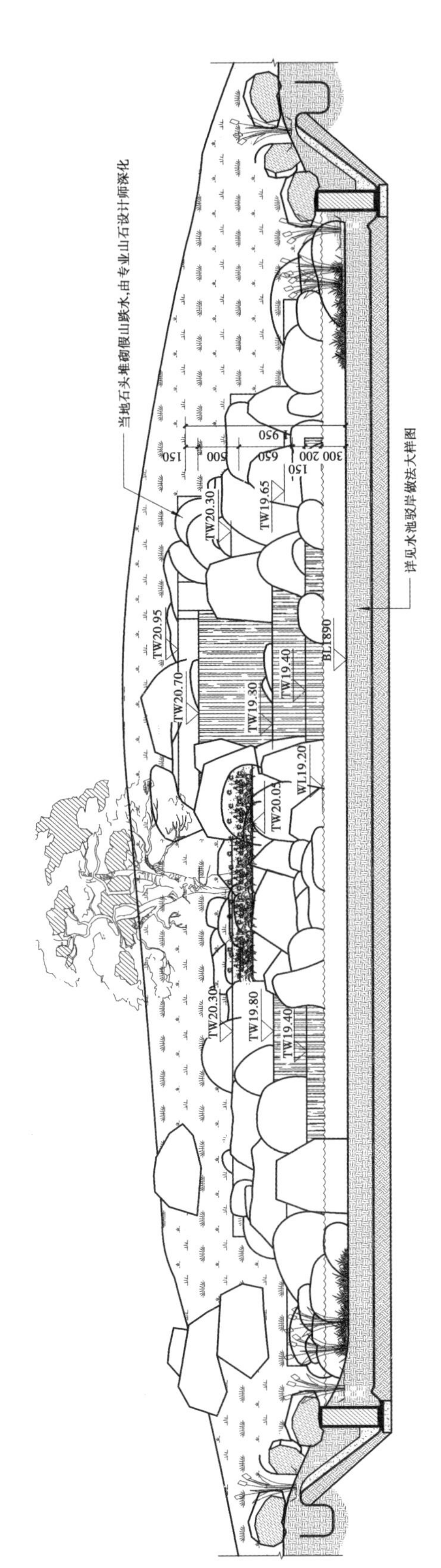
当地石头堆砌假山跌水,由专业山石设计师深化
详见水池驳岸做法大样图
TW20.30
TW19.65
TW20.95
TW20.70
TW19.30
TW19.40
BL18.90
WL19.20
TW20.03
TW20.30
TW19.80
TW19.40
150
500
650
950
150
300 200

图 7.6 水景剖立面图

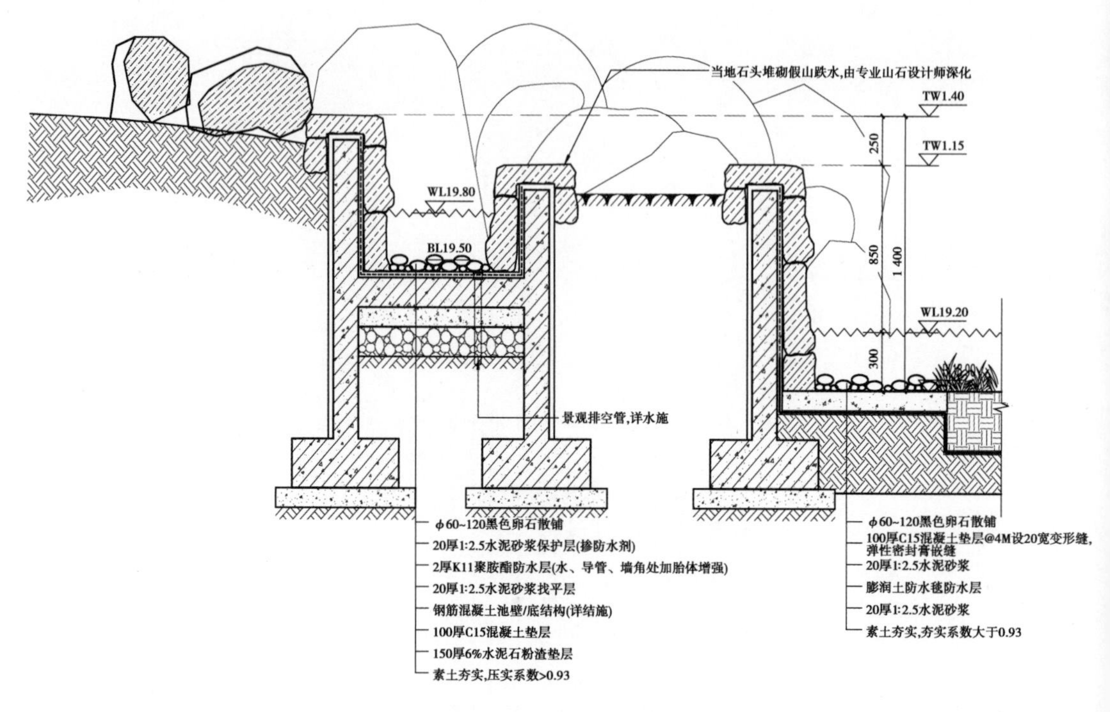

图7.7　水池构造大样

相关知识：

为节约水资源，水景一般采用循环水。首先，每个水池有三口：进水口、溢水口、泄水口。溢水口、泄水口的水经过过滤、消毒、加压，回到水池，反复使用（图7.8）。水量小、仅供观赏的水景可不设净水系统，而鱼池、游泳池等必须有净水系统。

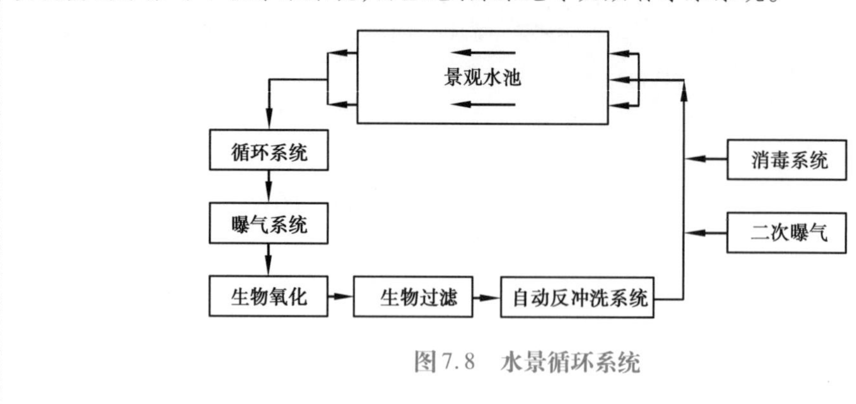

图7.8　水景循环系统

水景中需绘制构造详图的另一节点是泵坑，泵坑尺寸由给排水专业在初步设计阶段提供（图7.9—图7.11）。

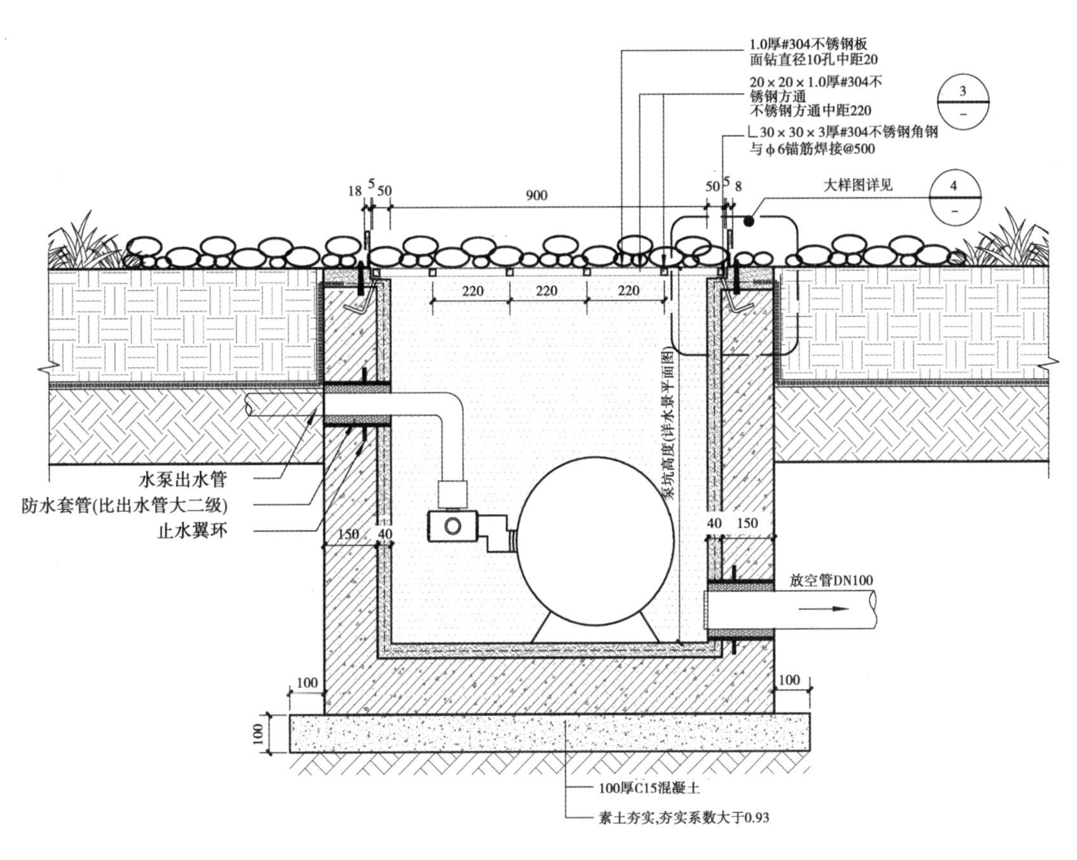

图 7.9　泵坑剖面详图

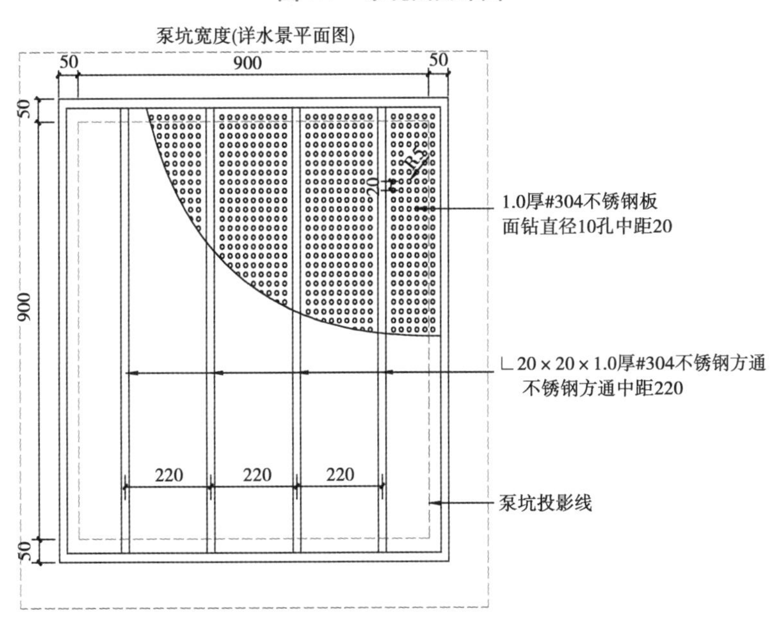

注：1.所有304不锈钢面喷不锈钢专用漆

2.水泵坑为C25混凝土,抗渗透等级S6,配筋为 φ8@200×200双层双向;

3.水泵坑防水做法同水池防水做法。

图 7.10　泵坑盖板详图

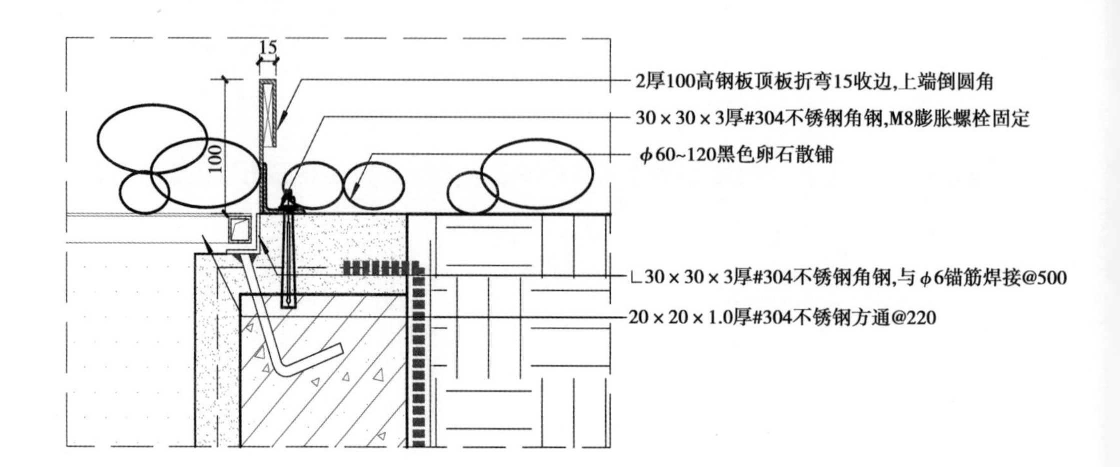

图 7.11　泵坑节点大样

【项目评价】

评价内容	评价标准	权重/%	分项得分
抄绘施工图	抄绘完整详尽	60	
	线形、图层正确	20	
	标注规范、图面整洁美观	10	
职业素养	CAD 绘图能力、观察理解能力、图形记忆能力	10	
总　分		100	

【拓展训练】

练习 1. 抄绘喷泉水景大样图

喷泉是现代园林中常见的景观,主要是以人工形式在园林中运用;喷泉利用动力驱动,拥有多种形式,用以满足在水流不同的地点、不同的空间形态、使用人群对喷泉的速度、水行等不同的要求。

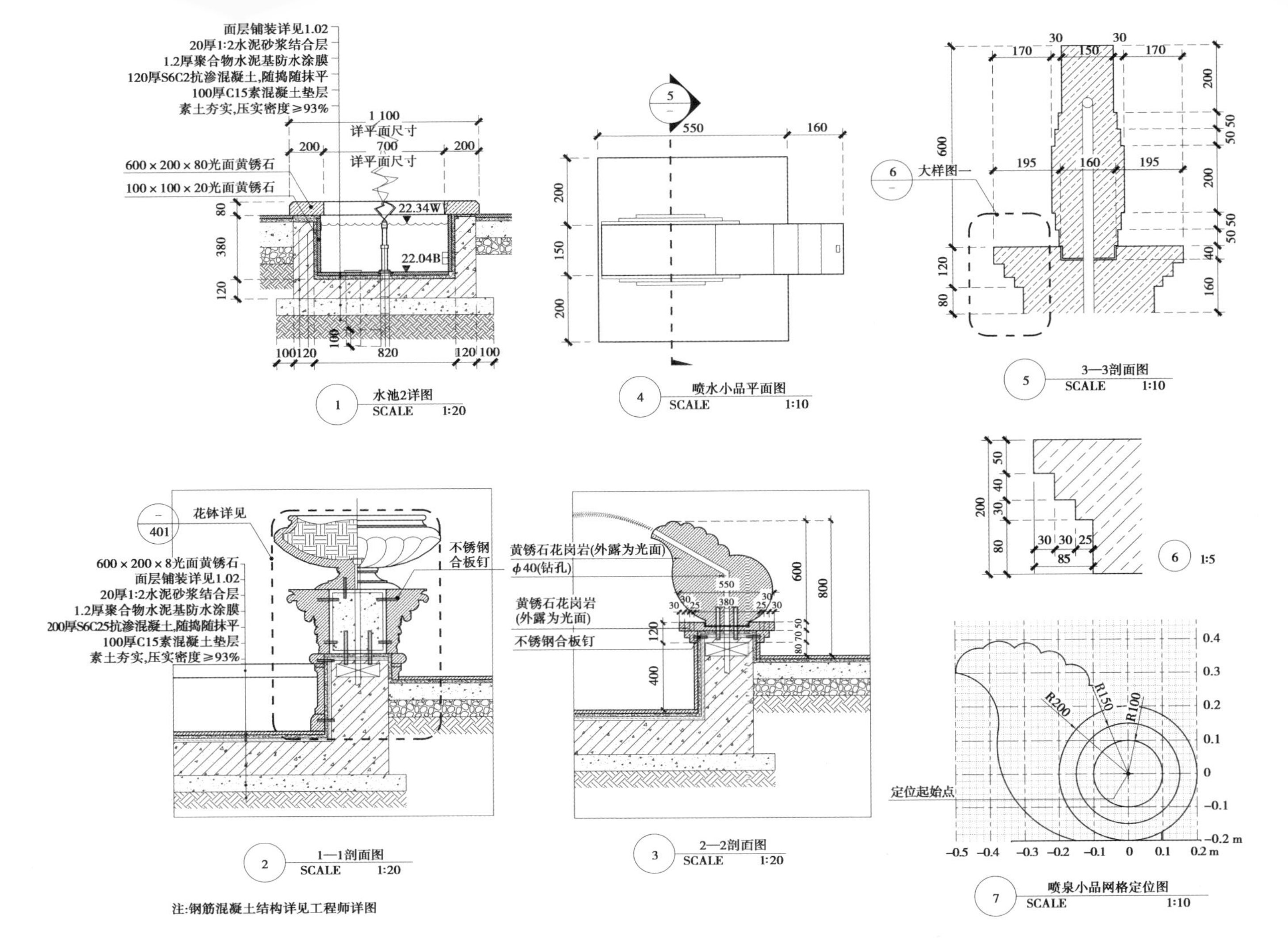
面层铺装详见1.02
20厚1:2水泥砂浆结合层
1.2厚聚合物水泥基防水涂膜
120厚S6C2抗渗混凝土,随捣随抹平
100厚C15素混凝土垫层
素土夯实,压实密度≥93%
600×200×80光面黄锈石
100×100×20光面黄锈石
1 100
详平面尺寸
700
详平面尺寸
22.34W
22.04B
水池2详图
SCALE 1:20
喷水小品平面图
SCALE 1:10
大样图一
3—3剖面图
SCALE 1:10
1:5
花钵详见
401
600×200×8光面黄锈石
面层铺装详见1.02
20厚1:2水泥砂浆结合层
1.2厚聚合物水泥基防水涂膜
200厚S6C25抗渗混凝土,随捣随抹平
100厚C15素混凝土垫层
素土夯实,压实密度≥93%
不锈钢合板钉
1—1剖面图
SCALE 1:20
黄锈石花岗岩(外露为光面)
φ40(钻孔)
黄锈石花岗岩
(外露为光面)
不锈钢合板钉
2—2剖面图
SCALE 1:20
R100
R150
R200
定位起始点
喷泉小品网格定位图
SCALE 1:10
注:钢筋混凝土结构详见工程师详图

图 7.12　喷泉水景详图

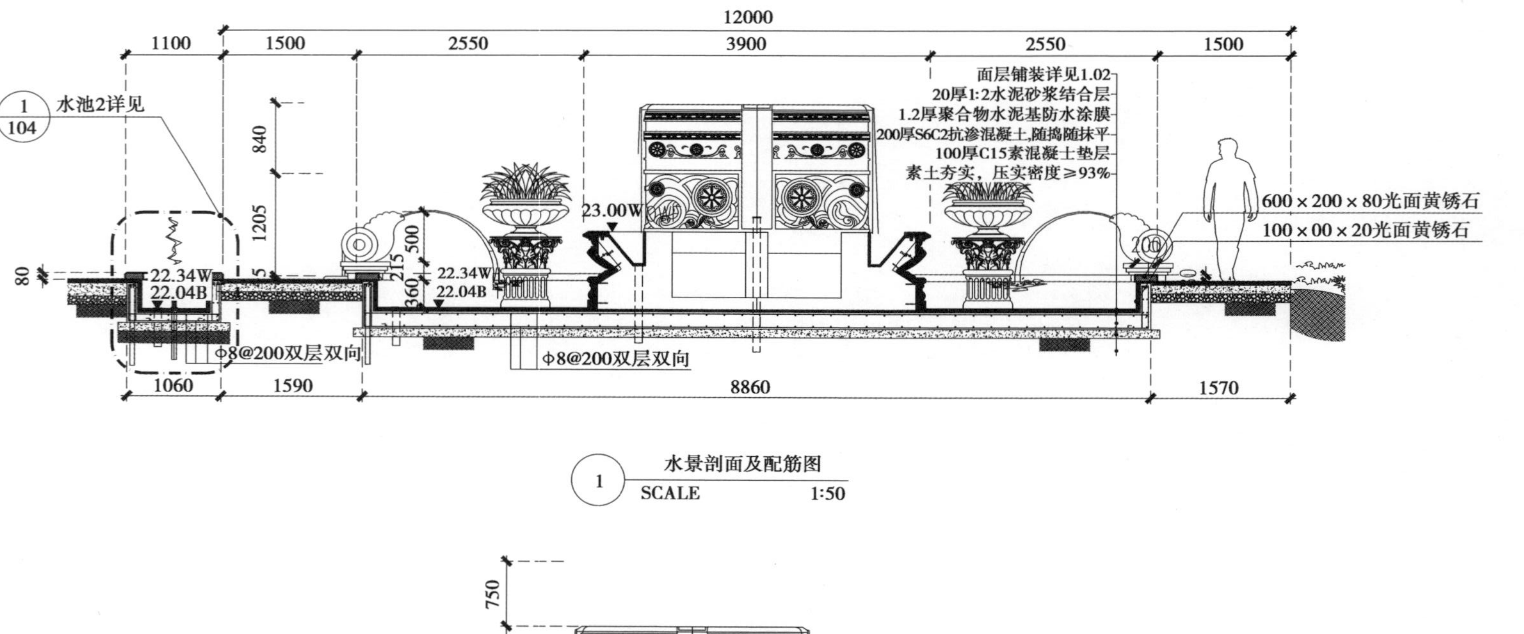

图 7.13 喷泉水景立剖面图

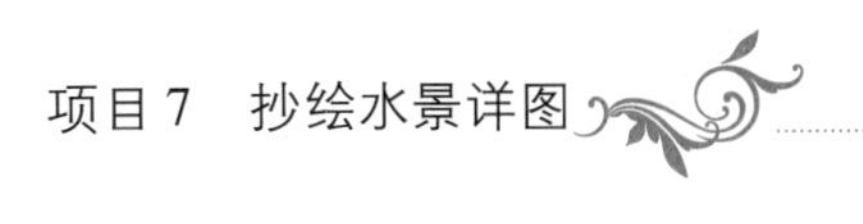

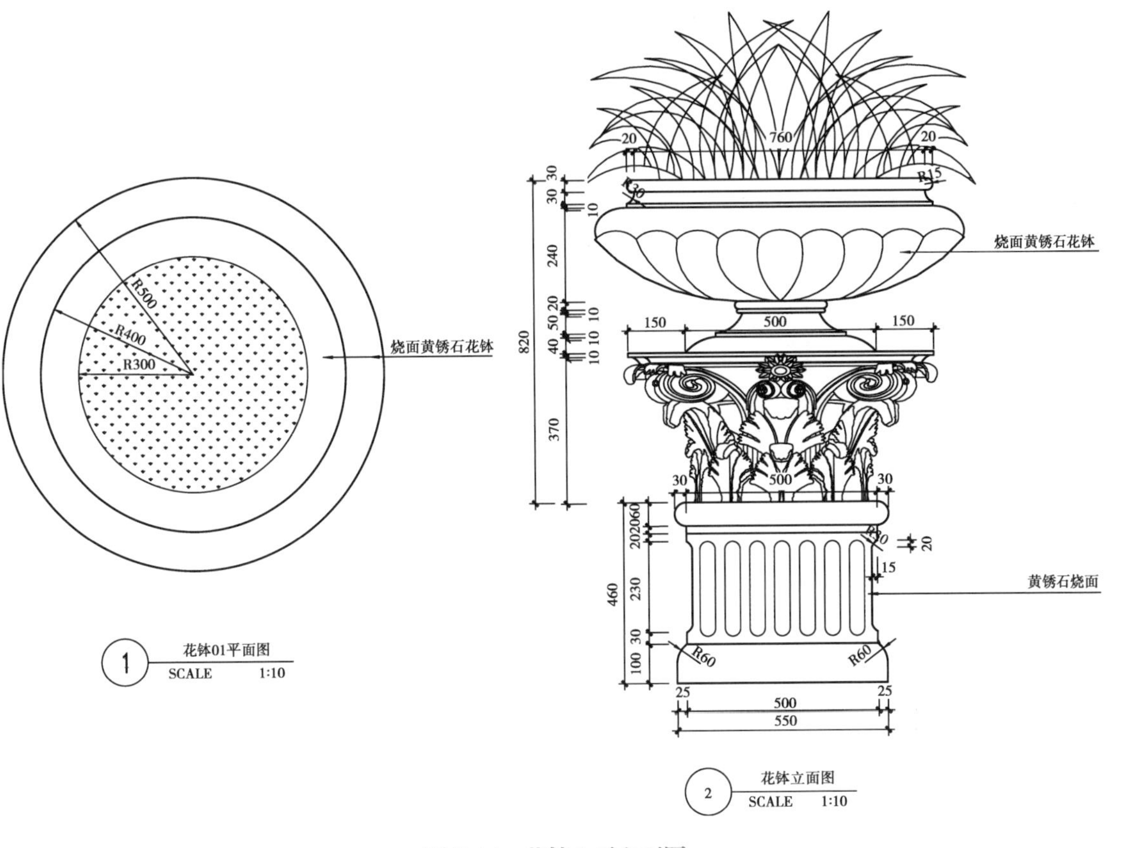

图 7.14　花钵 1 平立面图

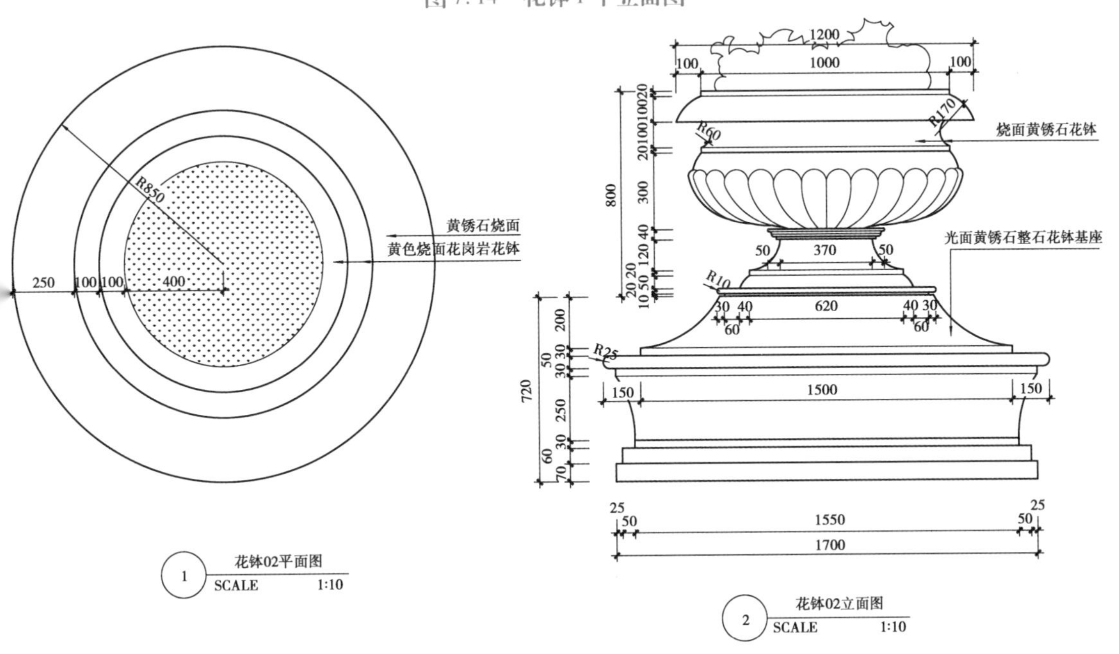

图 7.15　花钵 1 平立面图

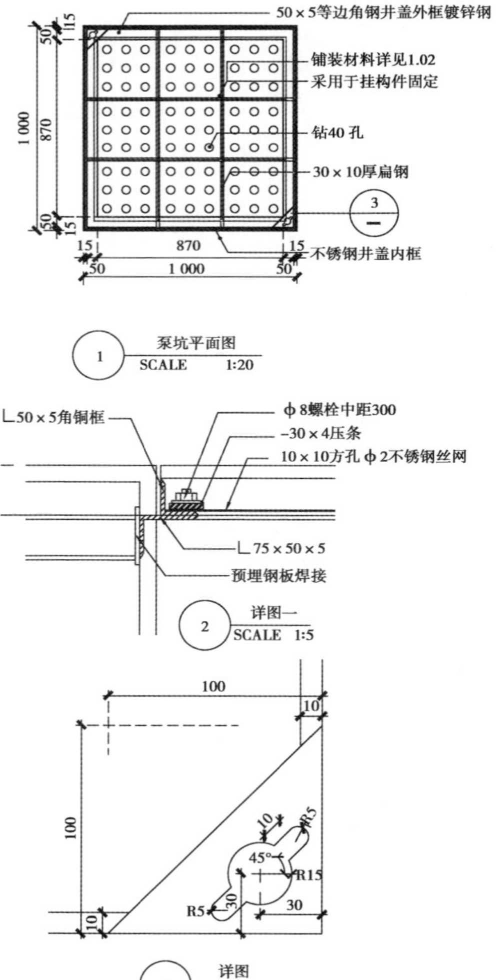

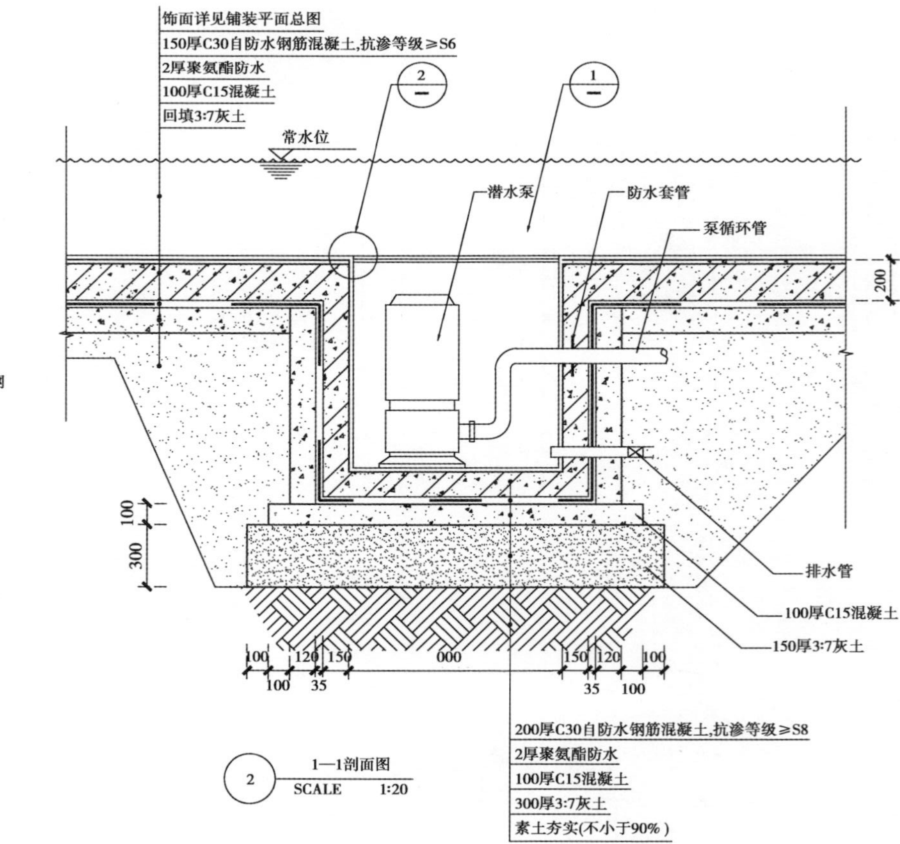

图 7.16　喷泉水景节点大样及泵坑详图

练习2. 抄绘跌水水景大样图

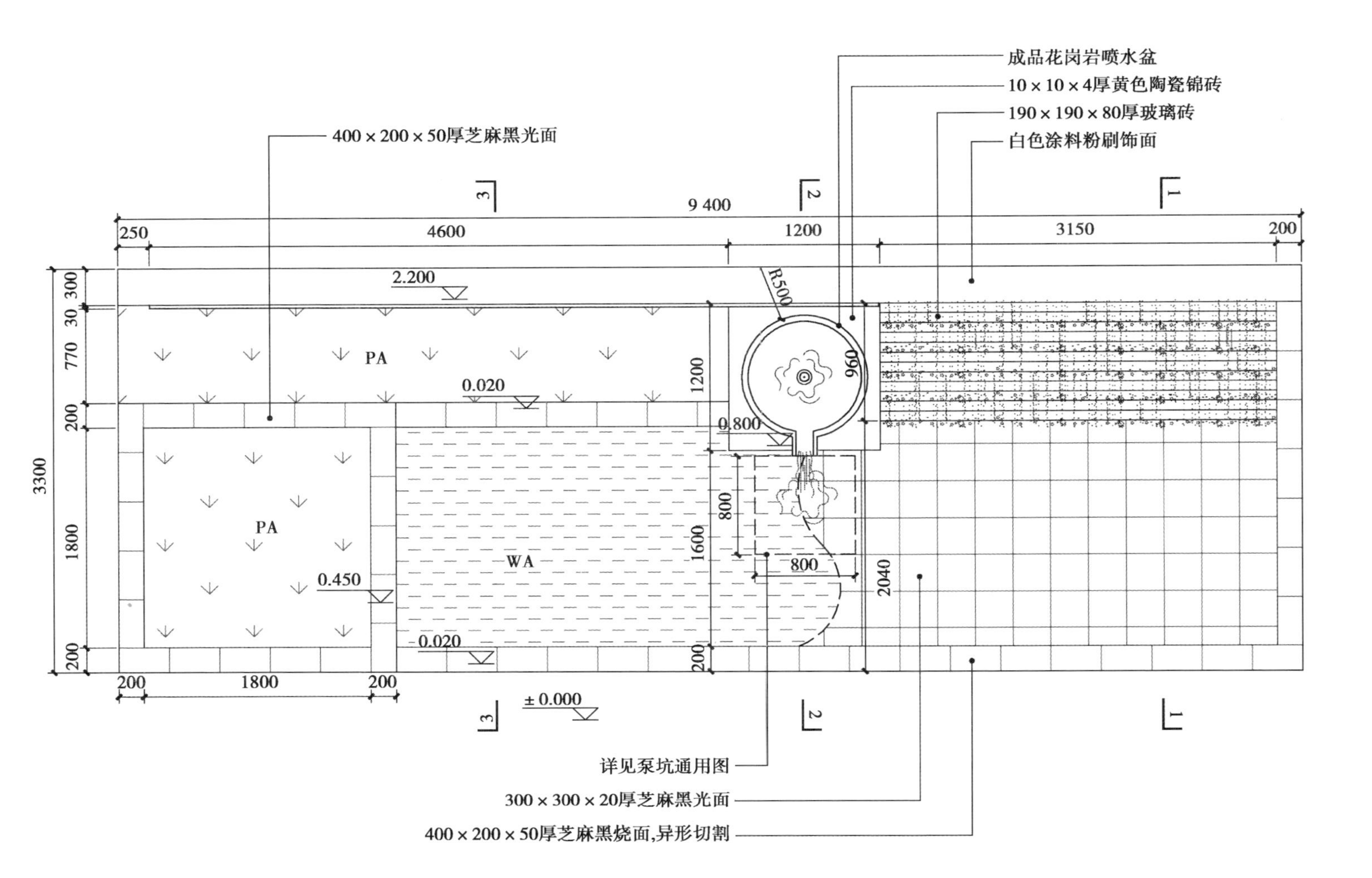

图7.17　跌水平面图

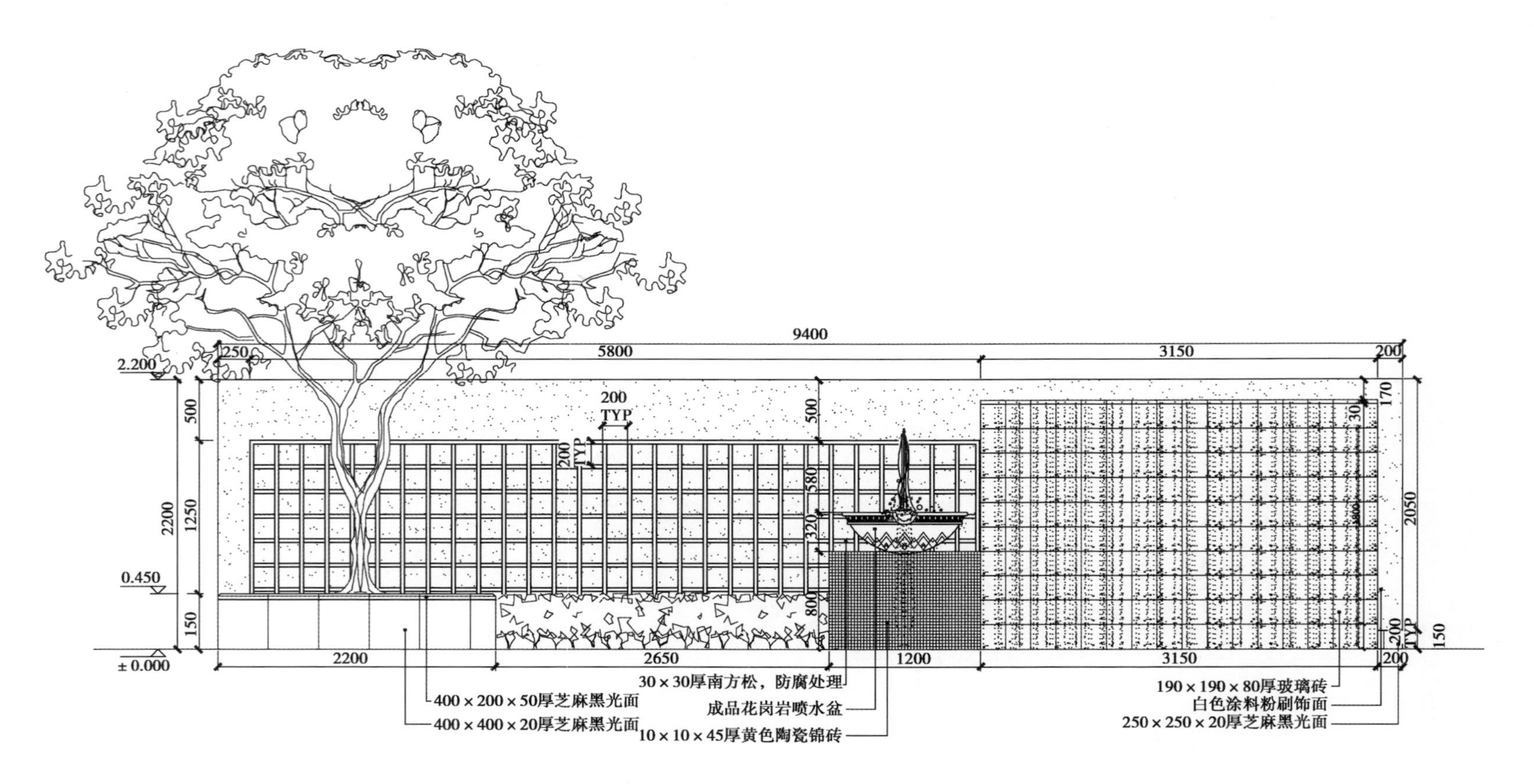
9400
250
5800
3150
200
2.200
500
200
TYP
170
30
2200
1250
580
320
2050
0.450
800
150
±0.000
2200
2650
1200
3150
200
30×30厚南方松，防腐处理
成品花岗岩喷水盆
10×10×45厚黄色陶瓷锦砖
400×200×50厚芝麻黑光面
400×400×20厚芝麻黑光面
190×190×80厚玻璃砖
白色涂料粉刷饰面
250×250×20厚芝麻黑光面

图 7.18 跌水立面图

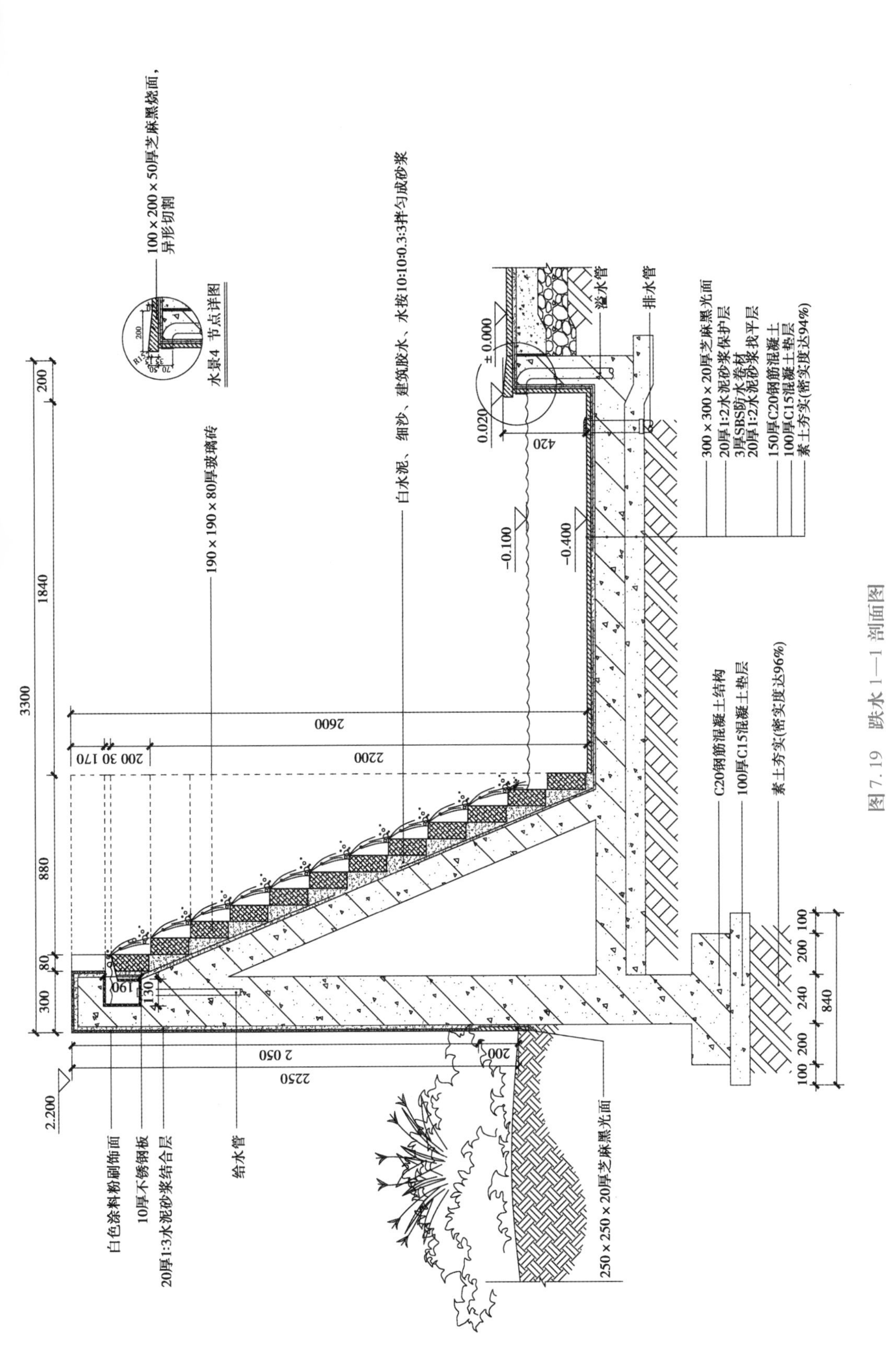

图7.19　跌水1—1剖面图

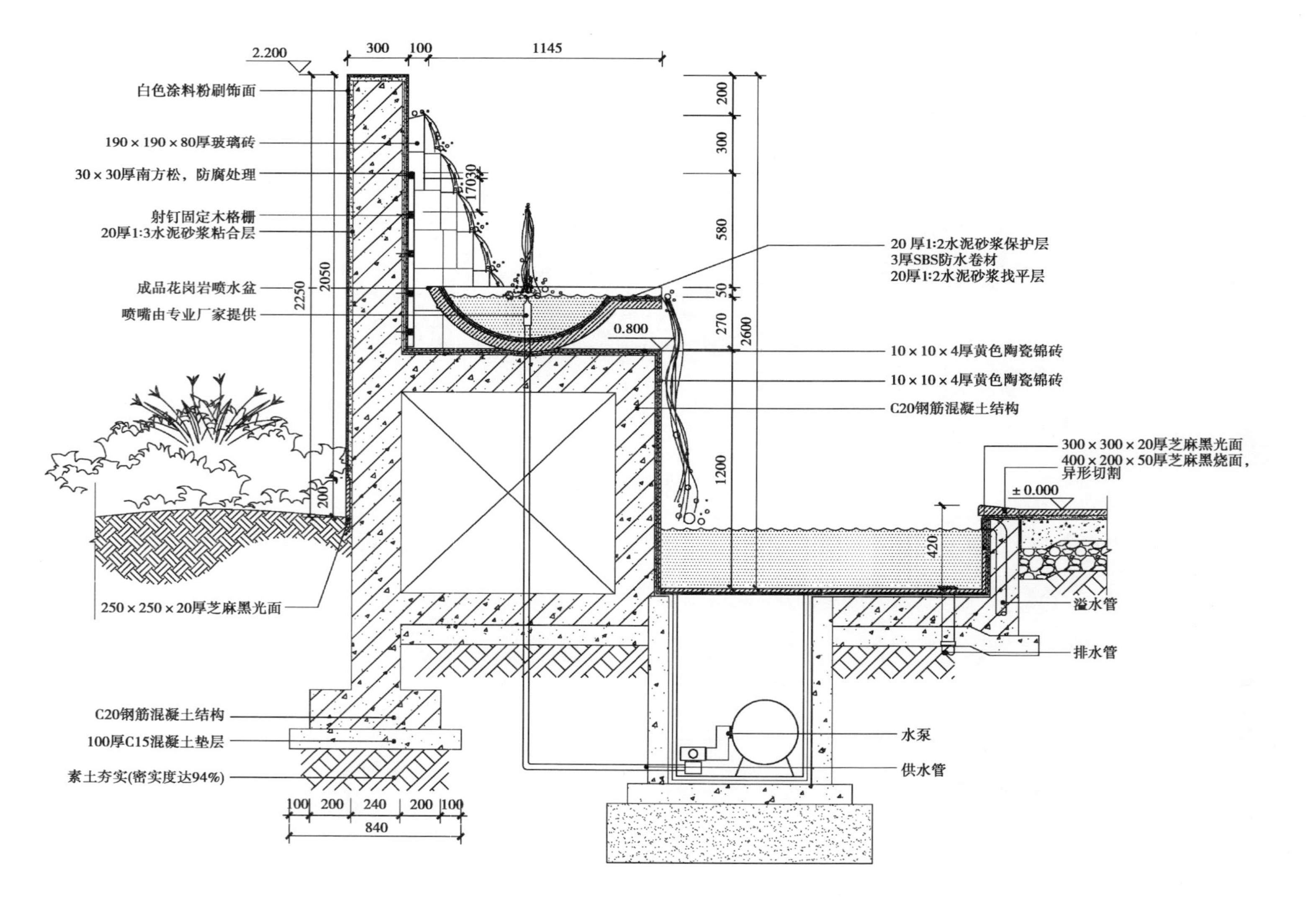

图 7.20 跌水 2—2 剖面图

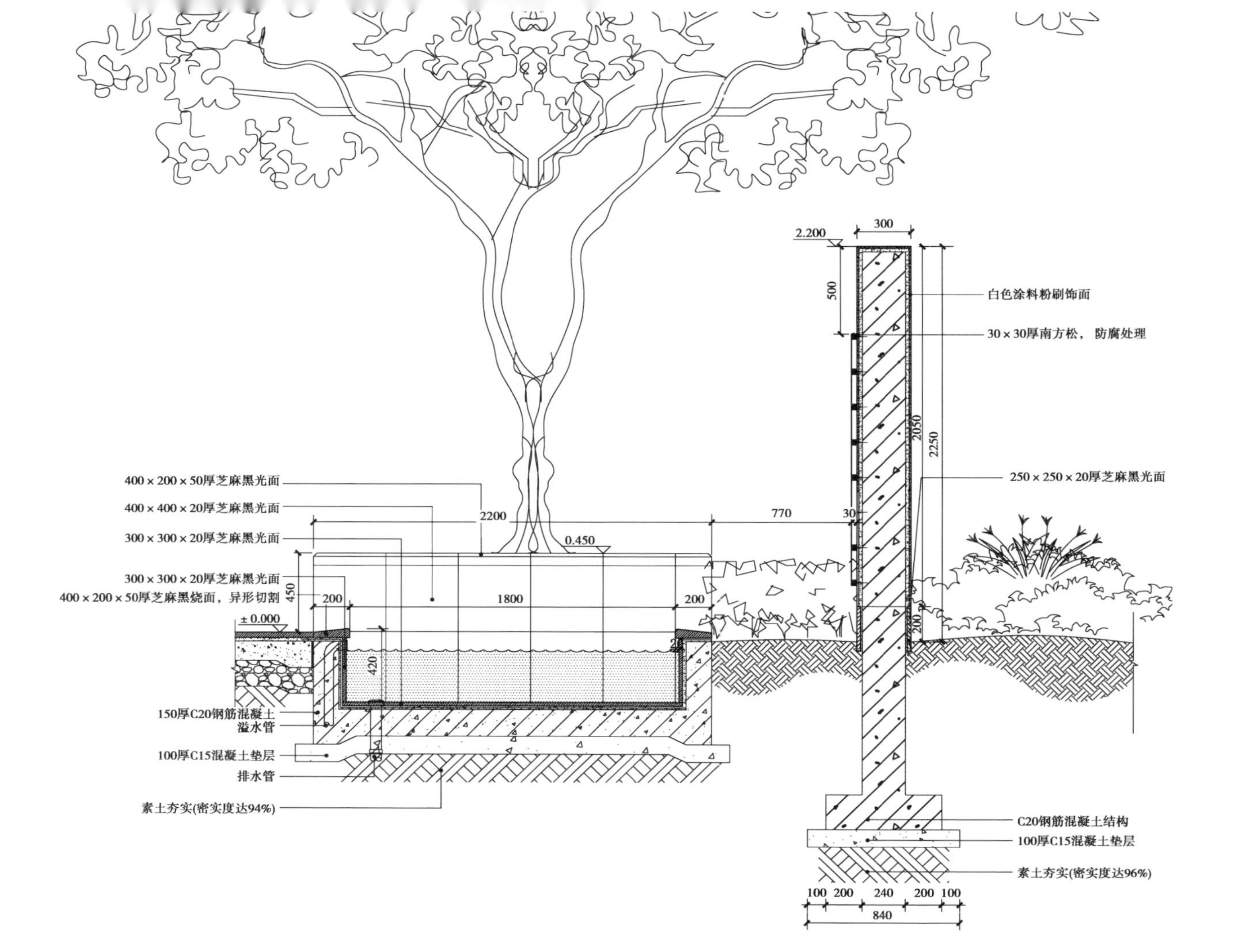

图 7.21　跌水 3—3 剖面图

练习3. 抄绘瀑布水景大样图

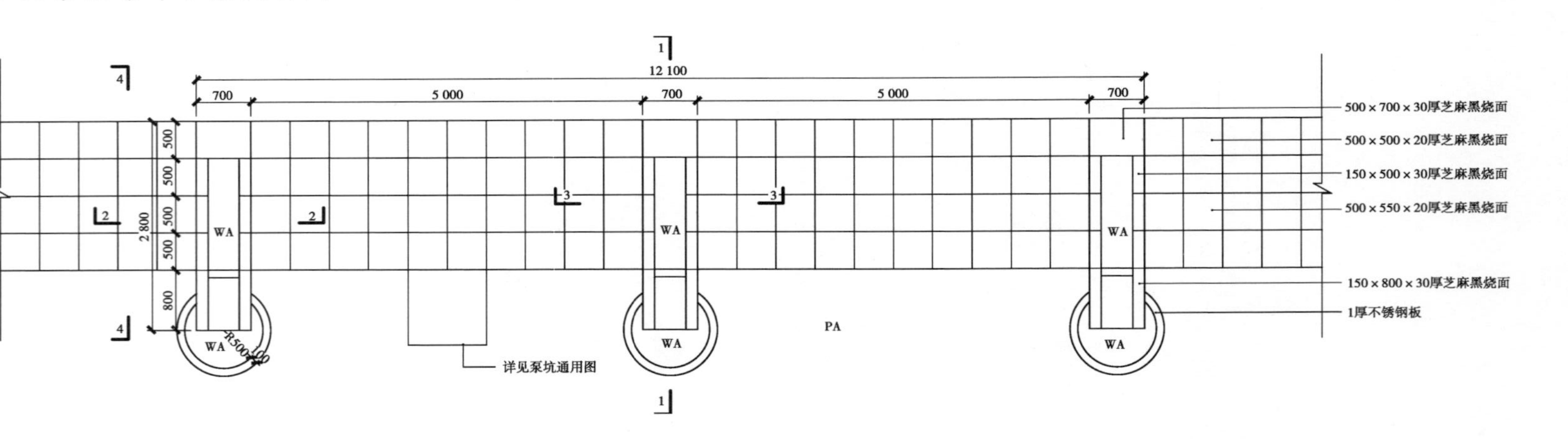

图7.22 瀑布水景平面图

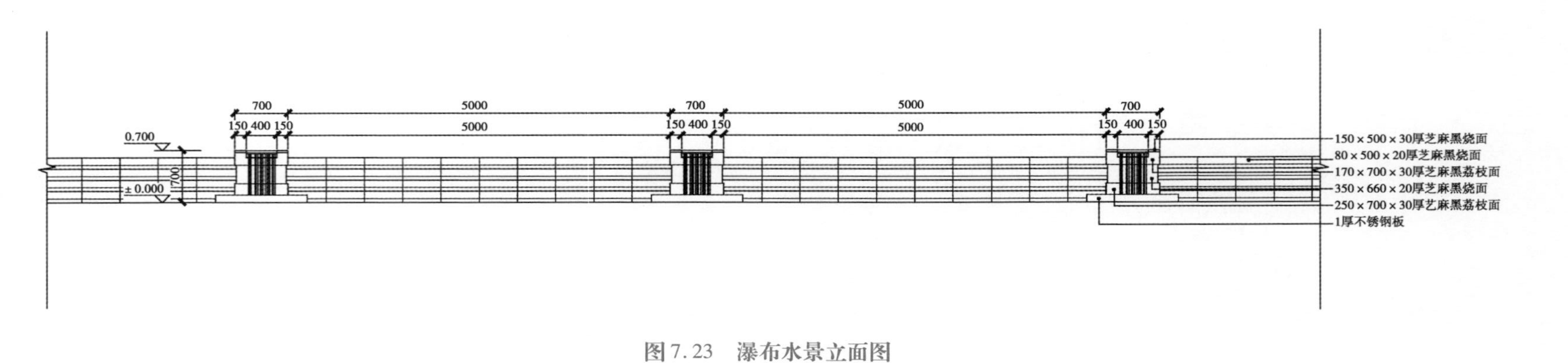

图7.23 瀑布水景立面图

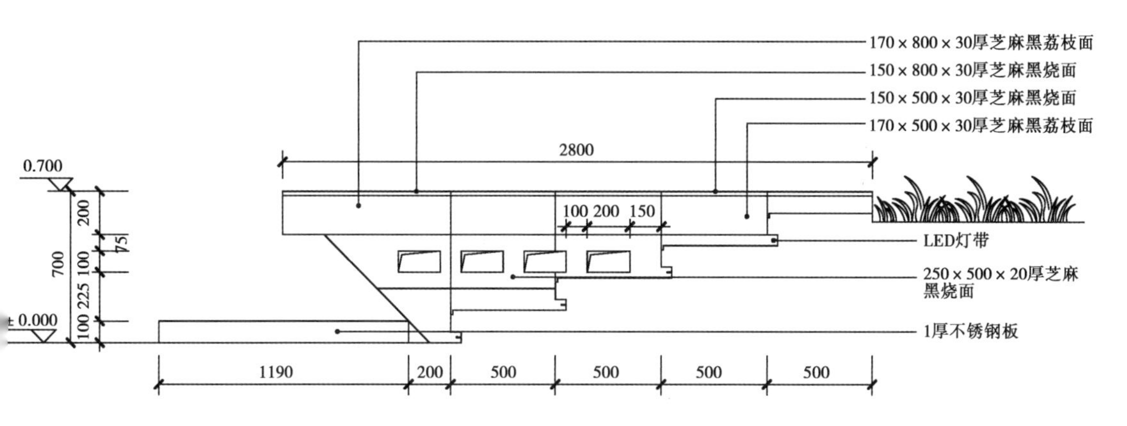

图 7.24　瀑布水景侧立面图

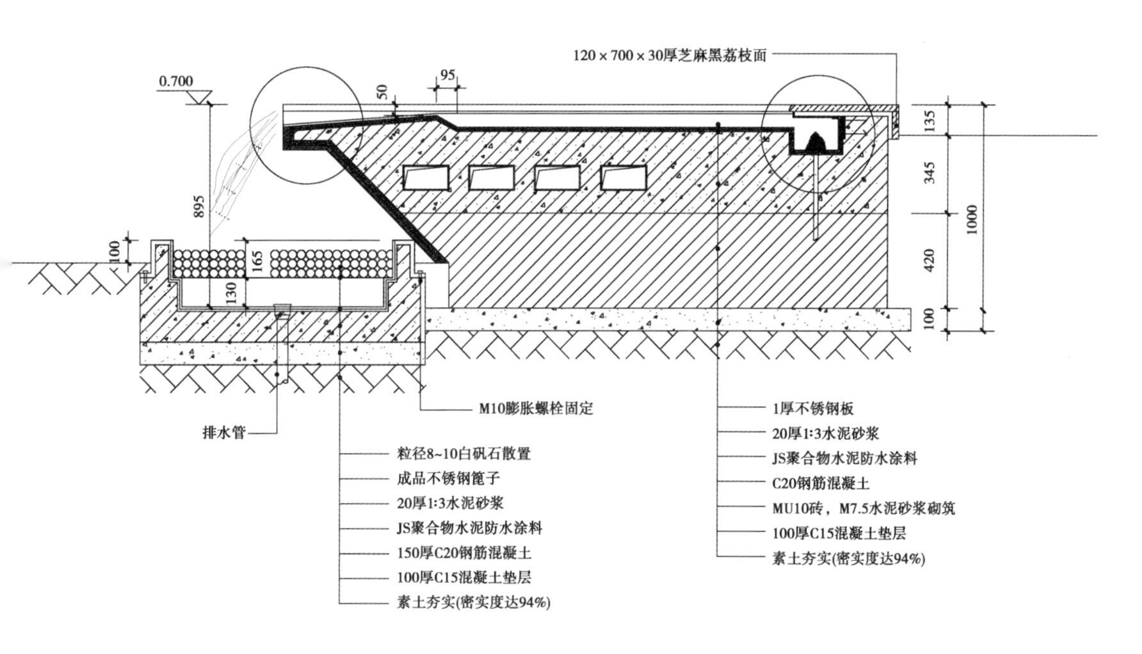

图 7.25　瀑布水景 1—1 剖面图

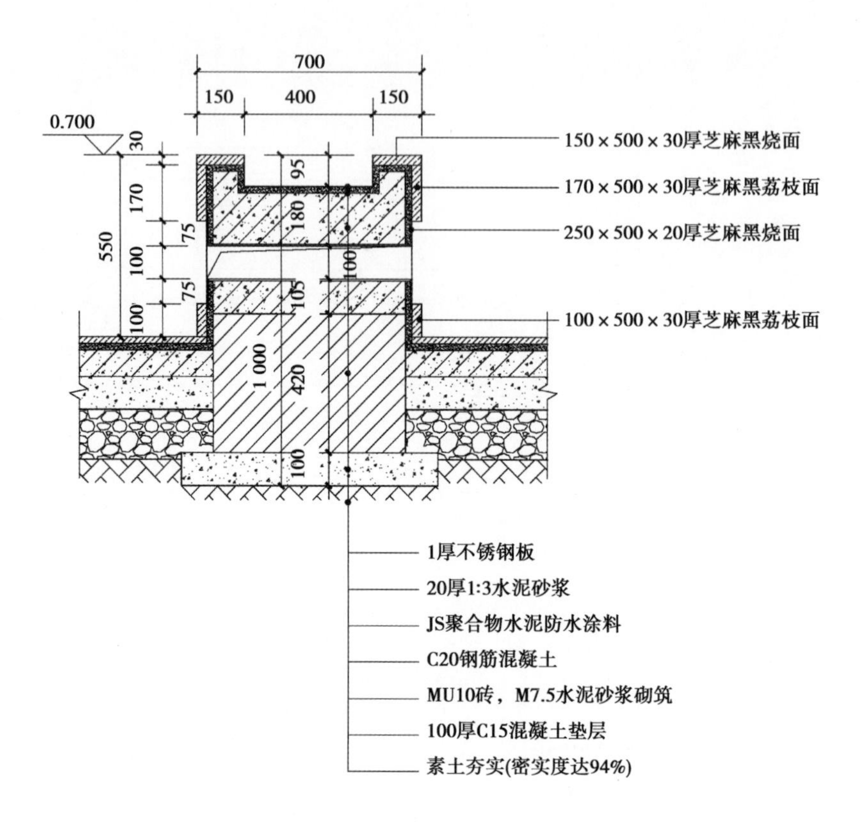

图7.26　瀑布水景2—2(3—3)剖面图

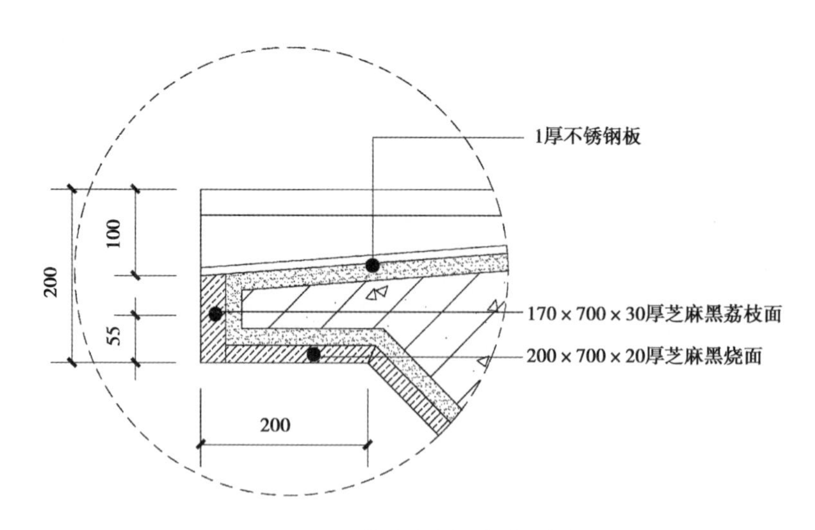

图7.27　瀑布水景a节点详图

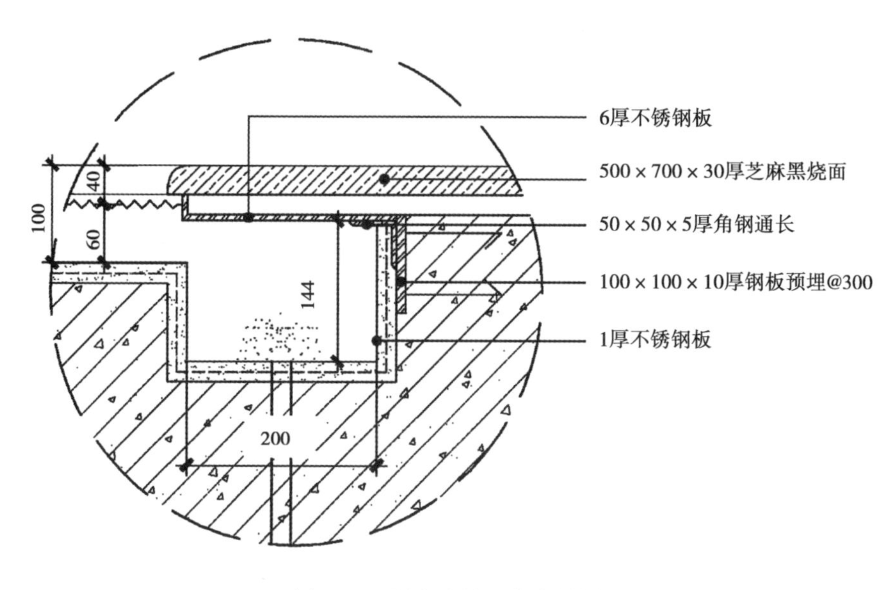

图 7.28　瀑布水景 b 节点详图

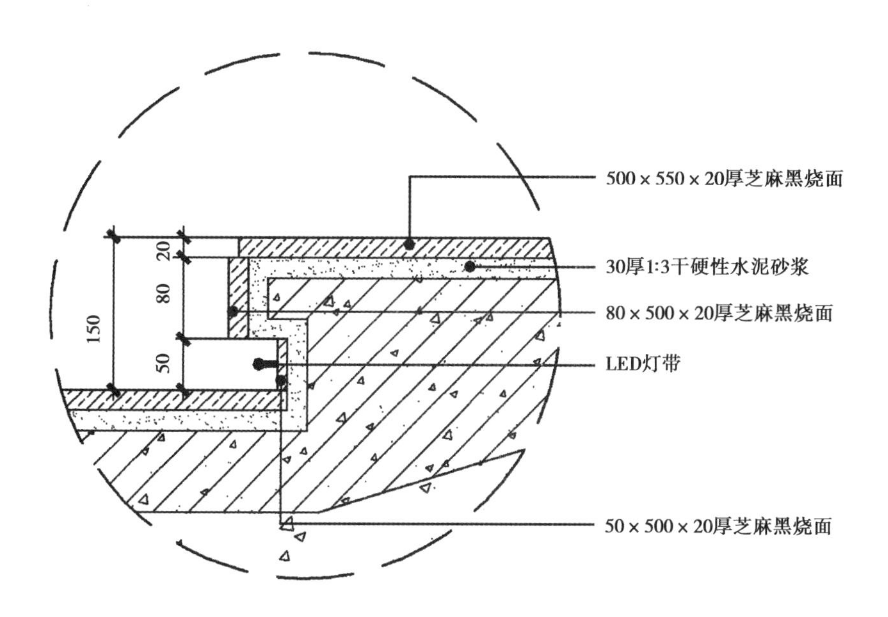

图 7.29　瀑布水景 c 节点详图

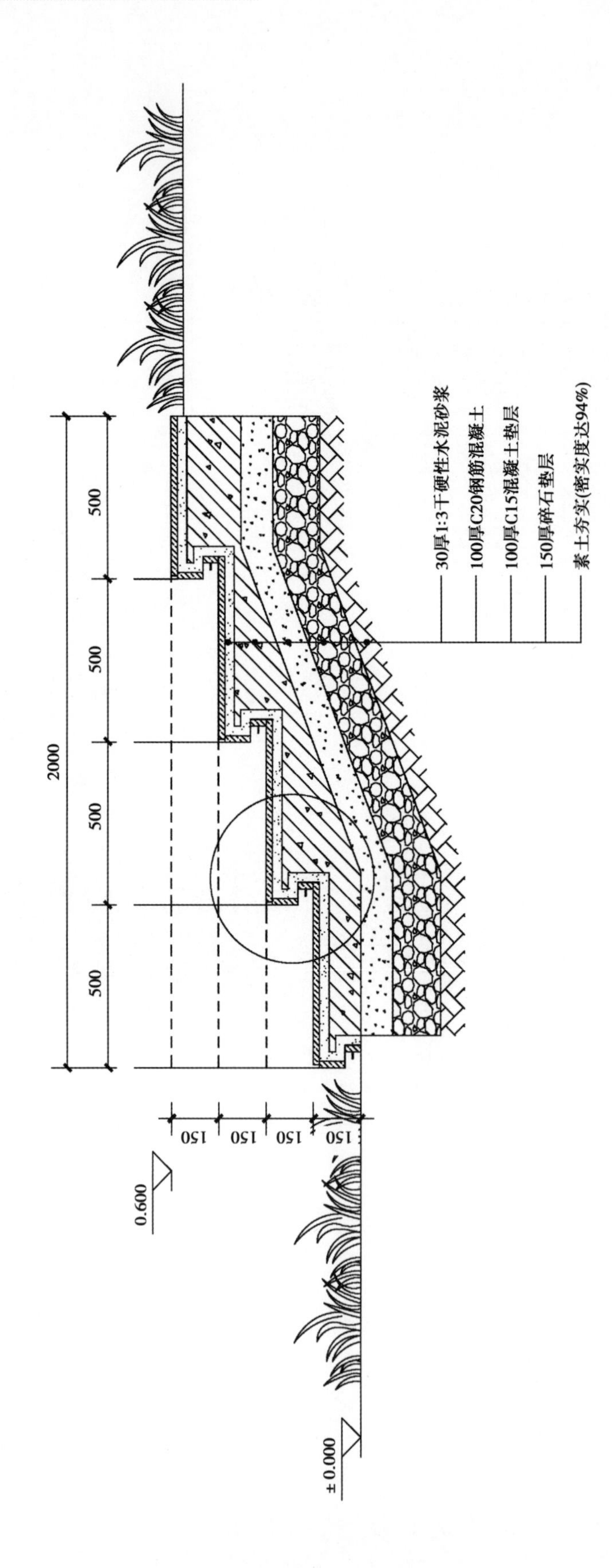

图 7.30　瀑布水景 4—4 剖面图

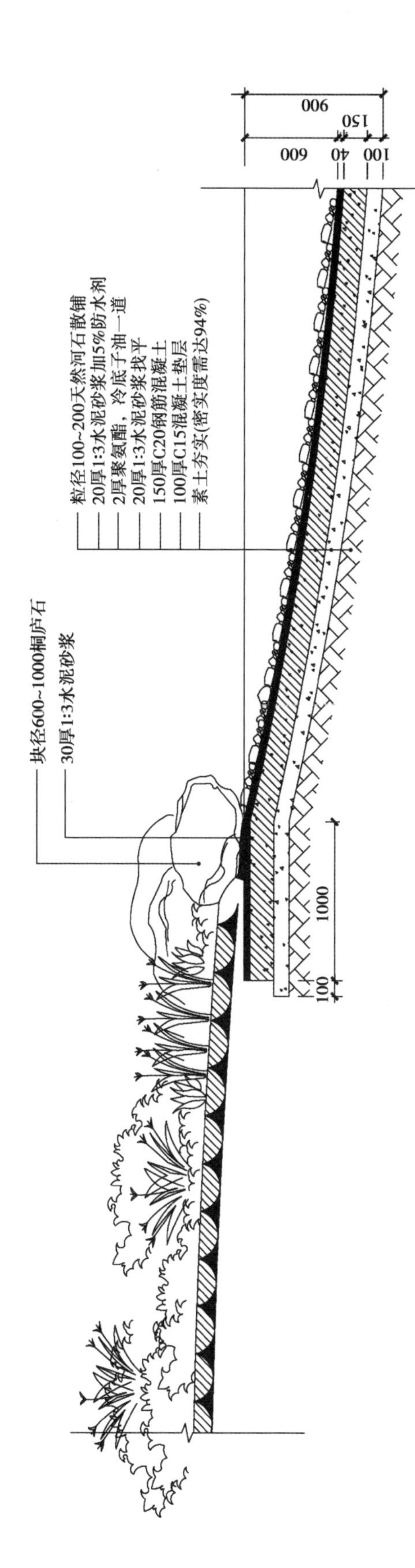

图7.31　溪流水景驳岸剖面图(一)

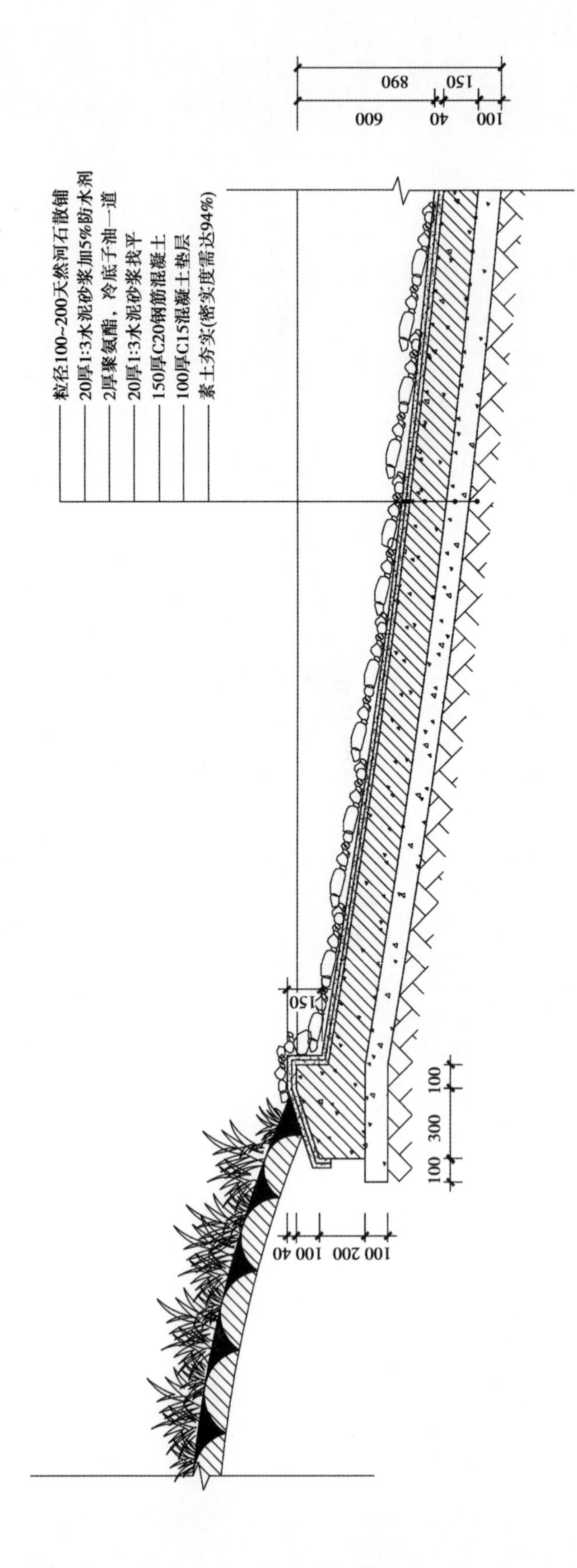

图 7.32　溪流水景驳岸剖面图(二)

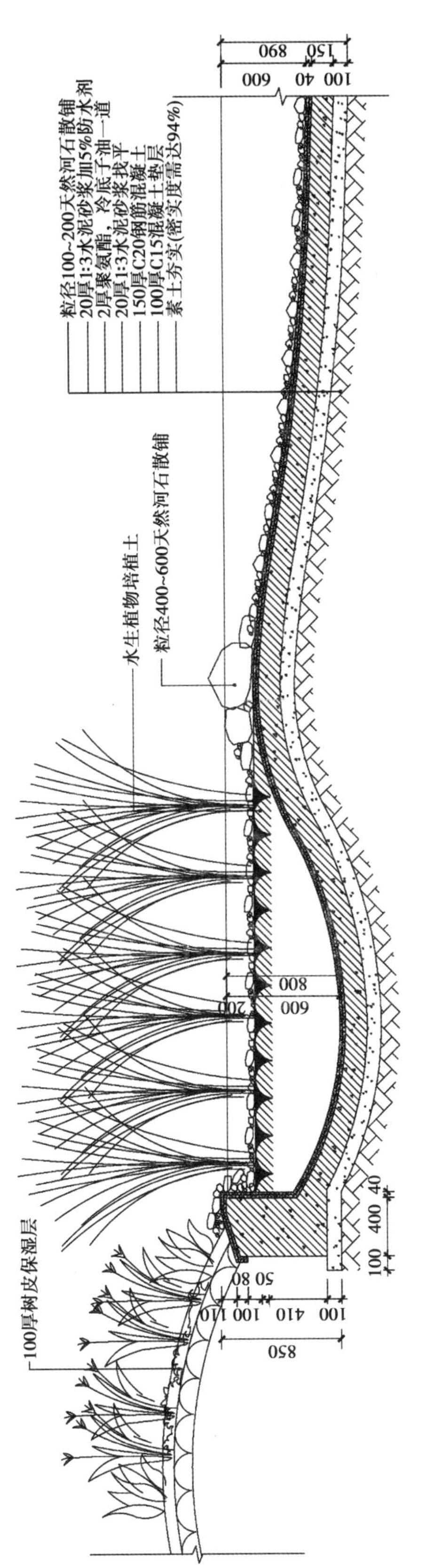

图7.33　溪流水景驳岸剖面图(三)

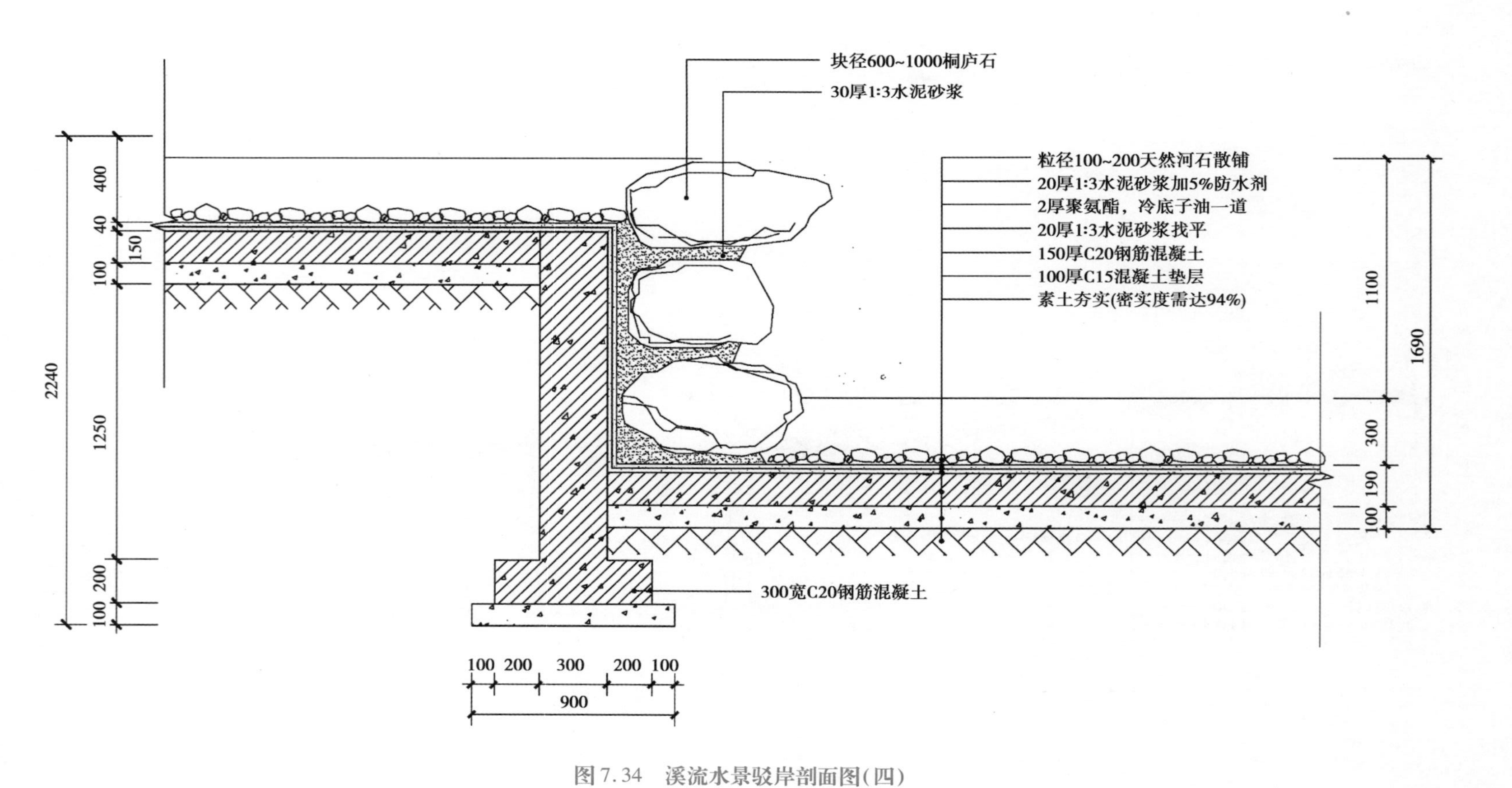

图 7.34　溪流水景驳岸剖面图(四)

练习 5. 抄绘静水景大样图

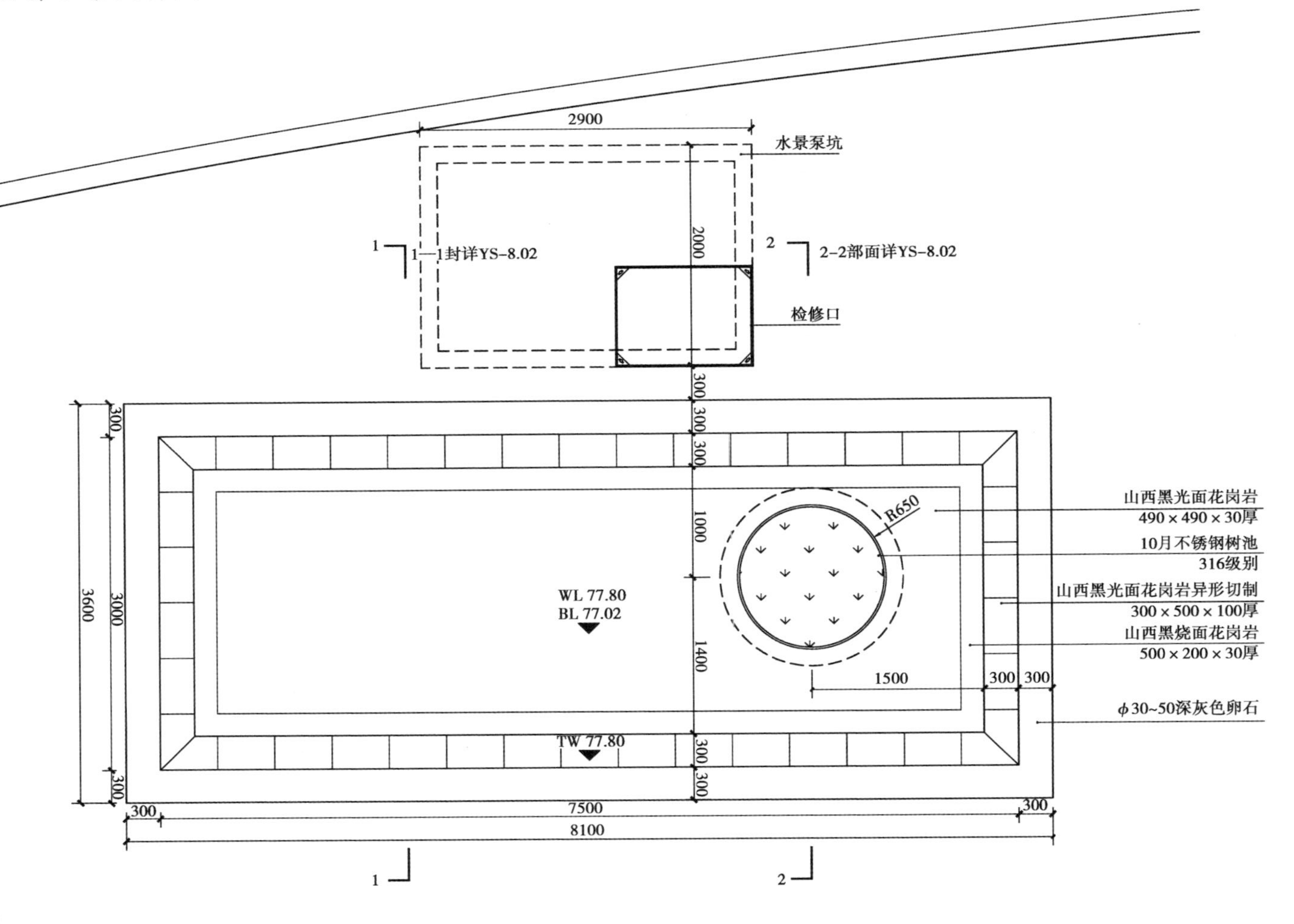

图 7.35　静水景平面图

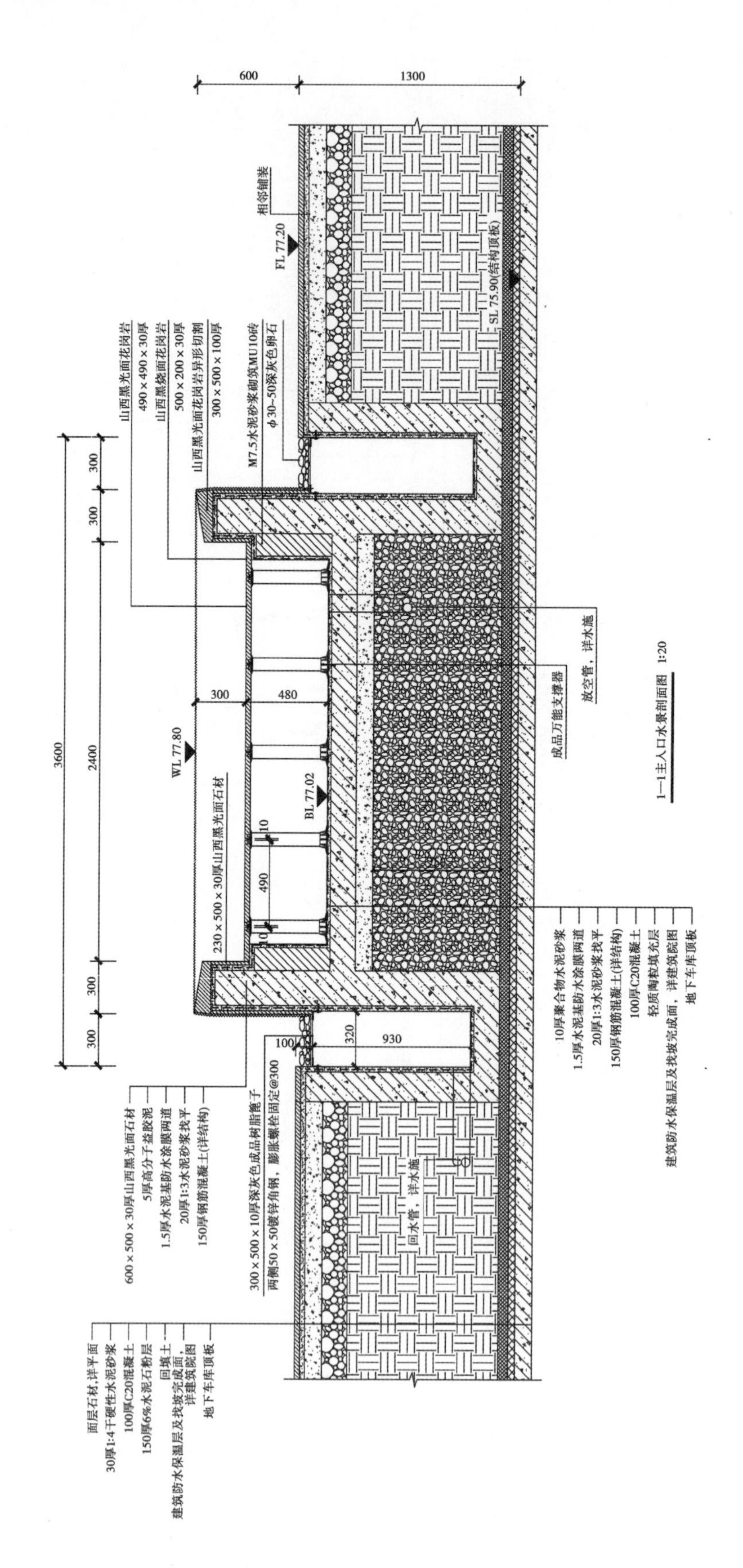

1—1主入口水景剖面图 1:20

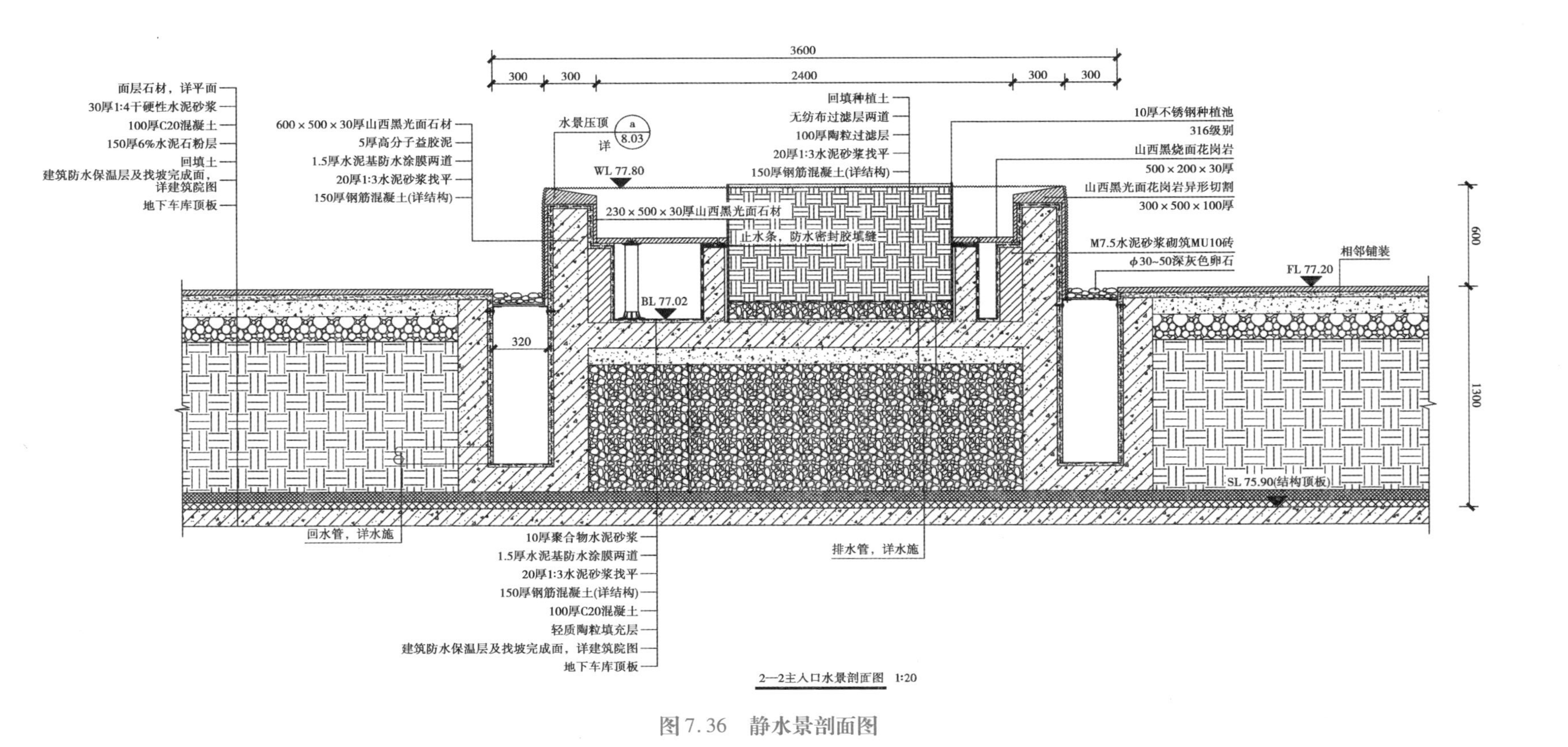

3600
300
300
2400
300
300
面层石材，详平面
30厚1:4干硬性水泥砂浆
100厚C20混凝土
150厚6%水泥石粉层
回填土
建筑防水保温层及找坡完成面，详建筑院图
地下车库顶板
600×500×30厚山西黑光面石材
5厚高分子益胶泥
1.5厚水泥基防水涂膜两道
20厚1:3水泥砂浆找平
150厚钢筋混凝土(详结构)
水景压顶
详 a 8.03
WL 77.80
230×500×30厚山西黑光面石材
止水条，防水密封胶填缝
BL 77.02
320
回填种植土
无纺布过滤层两道
100厚陶粒过滤层
20厚1:3水泥砂浆找平
150厚钢筋混凝土(详结构)
10厚不锈钢种植池
316级别
山西黑烧面花岗岩
500×200×30厚
山西黑光面花岗岩异形切割
300×500×100厚
M7.5水泥砂浆砌筑MU10砖
φ30~50深灰色卵石
相邻铺装
FL 77.20
600
1300
SL 75.90(结构顶板)
回水管，详水施
排水管，详水施
10厚聚合物水泥砂浆
1.5厚水泥基防水涂膜两道
20厚1:3水泥砂浆找平
150厚钢筋混凝土(详结构)
100厚C20混凝土
轻质陶粒填充层
建筑防水保温层及找坡完成面，详建筑院图
地下车库顶板
2—2主人口水景剖面图　1:20

图7.36　静水景剖面图

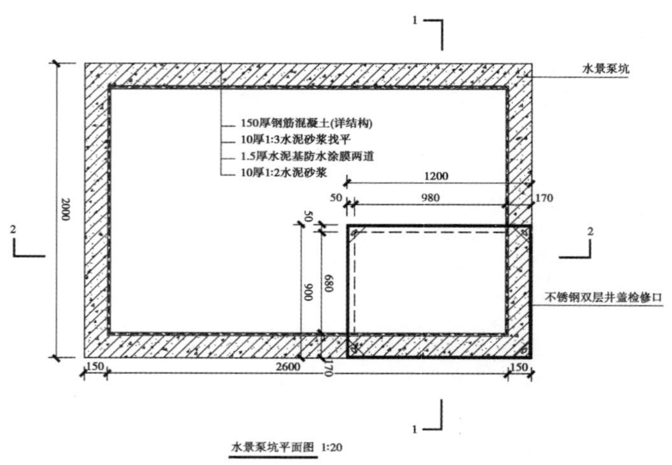
水景泵坑
150厚钢筋混凝土(详结构)
10厚1:3水泥砂浆找平
1.5厚水泥基防水涂膜两道
10厚1:2水泥砂浆
不锈钢双层井盖检修口
水景泵坑平面图 1:20

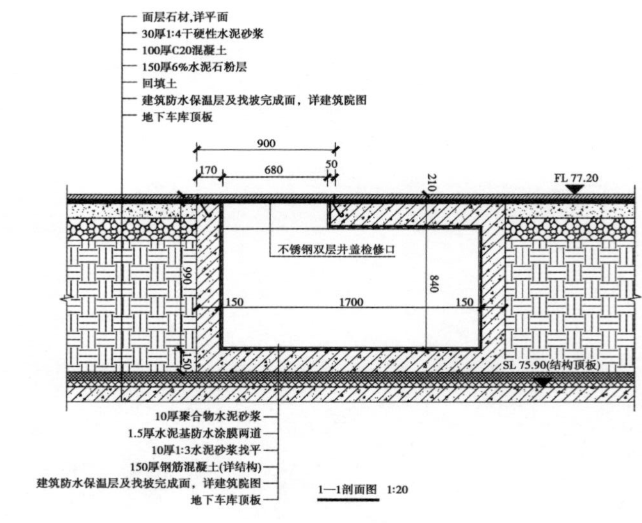
面层石材,详平面
30厚1:4干硬性水泥砂浆
100厚C20混凝土
150厚6%水泥石粉层
回填土
建筑防水保温层及找坡完成面，详建筑院图
地下车库顶板
FL 77.20
不锈钢双层井盖检修口
SL 75.90(结构顶板)
10厚聚合物水泥砂浆
1.5厚水泥基防水涂膜两道
10厚1:3水泥砂浆找平
150厚钢筋混凝土(详结构)
建筑防水保温层及找坡完成面，详建筑院图
地下车库顶板
1—1剖面图 1:20

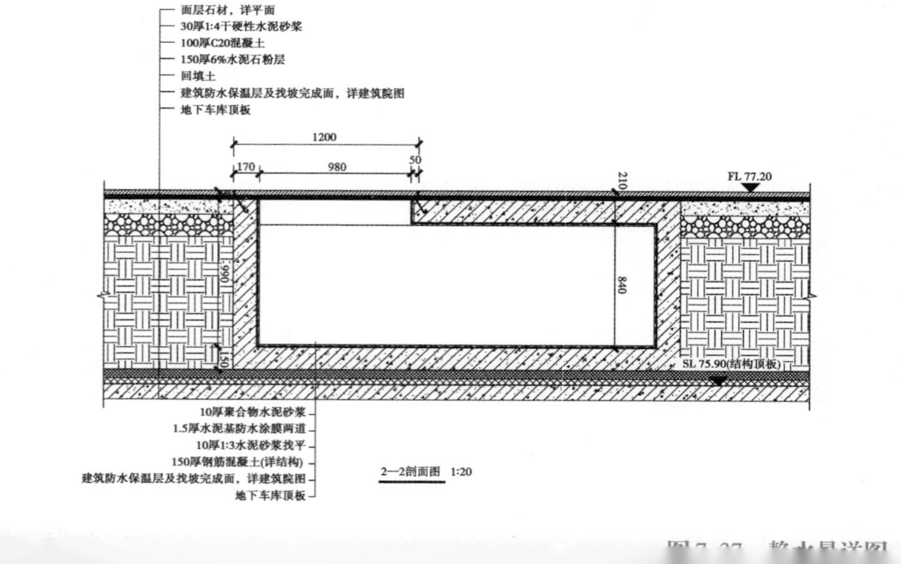
面层石材，详平面
30厚1:4干硬性水泥砂浆
100厚C20混凝土
150厚6%水泥石粉层
回填土
建筑防水保温层及找坡完成面，详建筑院图
地下车库顶板
FL 77.20
SL 75.90(结构顶板)
10厚聚合物水泥砂浆
1.5厚水泥基防水涂膜两道
10厚1:3水泥砂浆找平
150厚钢筋混凝土(详结构)
建筑防水保温层及找坡完成面，详建筑院图
地下车库顶板
2—2剖面图 1:20

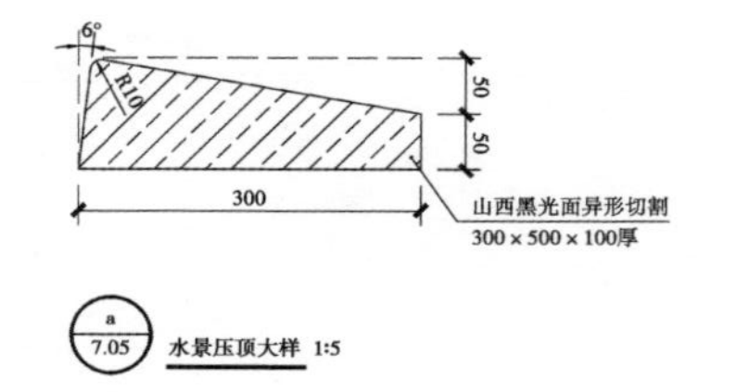
山西黑光面异形切割
300×500×100厚
水景压顶大样 1:5

项目8 绘制A区植物种植施工图

【项目目标】

园林植物的配置包括两个方面：一方面是各种植物相互之间的配置，考虑植物种类的选择，树丛的组合，平面和立面的构图、色彩、季相以及园林意境；另一方面是园林植物与其他园林要素，如山石、水体、建筑、园路等相互之间的配置。因植物配置在方案阶段比较粗略，具体设计一般在施工图阶段完成。所以，植物配置施工图不仅仅是种满树，而是技术含量很高的创作设计。植物配置应满足以下要求：

①要符合绿地的性质和功能要求。设计的植物种类来源有保证，并且具备必需的功能特点，能满足绿地的功能要求，符合绿地的性质。

②适宜的环境种适宜的植物、植物搭配及种植密度要合理。要选择合适的植物，满足植物生态要求，使立地条件与植物生态习性相接近，做到“适地适树”。

③要做到“花钱少，效果好”。苗木规格、价格档次与实际需要相吻合，量大的植物采用价格档次较低的，量少的重点植物用价格档次比较高的。

④要考虑园林艺术构图的需要。植物的形、色、姿态的搭配应符合大众的审美习惯，能够做到植物形象优美，色彩协调，景观效果良好。

本项目实训需要学生了解植物配置图绘制流程和表达方法；掌握植物配置图绘制深度要求；综合应用植物生理、植物美学、植物文化相关知识；培养严谨、细致的绘图习惯。

任务1 绘制A区乔灌木种植平面图

项目8任务1微课

【任务下达】

植物平面图分为乔木植物种植平面图、灌木植物种植平面图和地被植物种植图。由于约定俗成的原因，乔木平面图中除了表达乔木设计外，还经常包括大灌木、竹子等最上层的树木；灌木平面图主要表达处在中层植物的低矮灌木；地被植物种植图主要表达草坪、花卉、灌木丛等最底层的植物。在本任务中，将乔木、大灌木的布置绘制成“乔灌木种植平面图”，低矮灌木和草坪花卉的布置绘制成“地被种植平面图”。

根据方案效果图中的空间形态和选定的苗木，绘制乔木、大灌木平面布置图，引注苗木规格品种，并给主要苗木定位。

实训资料

项目8任务1、任务2实训资料

（1）植物配置方案.dwg；

（2）苗木表.dwg；

（3）A区方案效果图。

实训要求

（1）乔灌木冠幅应依据苗木表中冠幅尺寸按比例绘制，引注详尽；

（2）乔灌木搭配合理，适地适树，疏密有致；

（3）乔灌木苗木表中，信息完整，数量准确；

（4）标注规范、图面整洁美观。

【任务实施】

乔木种植平面图应表达所有上层植物的图例、位置，并在每一组树木附近用文字说明植物名称和数量，相同的树种应用细线连成一体以免误会或漏掉。树种图例应按照《风景园林制图标准》（CJJ/T 67—2015）的要求区分落叶阔叶、常绿阔叶、落叶针叶、常绿针叶等树木。

根据园林植物造景的配置方式进行乔木植物的搭配设计，配置方式主要有孤植、队植、列植、群植、林带、树林等方式。

第1步：绘图设置

打开“植物配置方案.dwg”，新建布局“乔木平面”，插入图框，新建视口，视口比例1∶200。文件另存为“A区植物配置.dwg”。将已经设置好的“LA-DQ-deciduous”或“LA-DQ-evergreen”图层置为当前图层。

相关知识：

设计范围的面积有大有小，技术要求有简有繁，一张总平面图很难表达清楚设计思想与技术要求，制图时应分层级处理：

第1层级：总平面图，可以采用1∶500～1∶1 000的比例，表达园与园之间的关系，总的苗木统计表；

第2层级：各区平面图，可以采用1∶200～1∶300的比例，表达在一个图中各地块的边界关系，该区的苗木统计表；

第3层级：各地块平面图，可以采用1∶100～1∶200的比例，表达地块内的详细植物种植设计，该地块的苗木统计表；

第 4 层级：重要位置的大样图，可以采用 1∶20～1∶50 的比例，表达特别细致、种植丰富的花圃、花径等。

对于景观要求细致的种植局部，施工图应有表达植物高低关系、植物造型形式的立面图、剖面图、参考图或文字说明与标注。

第 2 步：苗木表图例

①每个公司有固定格式的苗木表范例。模型空间插入“苗木表. dwg”文件。新建布局“苗木表”，按范例制作一份空表，将预选植物图例、名称、规格、备注复制到空白表中，检查规格是否适合。

相关知识：

苗木表也称植物材料表，该表应列出乔木名称、图例、规格（胸径、冠幅、高度等）、数量（株数）；灌木应列出名称、图例、规格（苗高）和数量（面积）等。

为了避免对植物俗称造成误解，植物名称还应列出其拉丁名称。

植物规格规定的是植物作为苗木种植时或采购时的大小，胸径、冠幅、高度以厘米为单位时，数字保留整数；当冠幅、高度以米为单位时，保留小数点后一位。

观花类植物应标明其花色。

在同一套施工图纸中，每种植物只能采用一种植物图案来表示，同一种树种可以运用不同比例的同种图案来表示不同规格。

②将植物图例的块名命名为植物名，方便统计植物数量，也可以从天正图库中调用天正图例（图 8.1）。

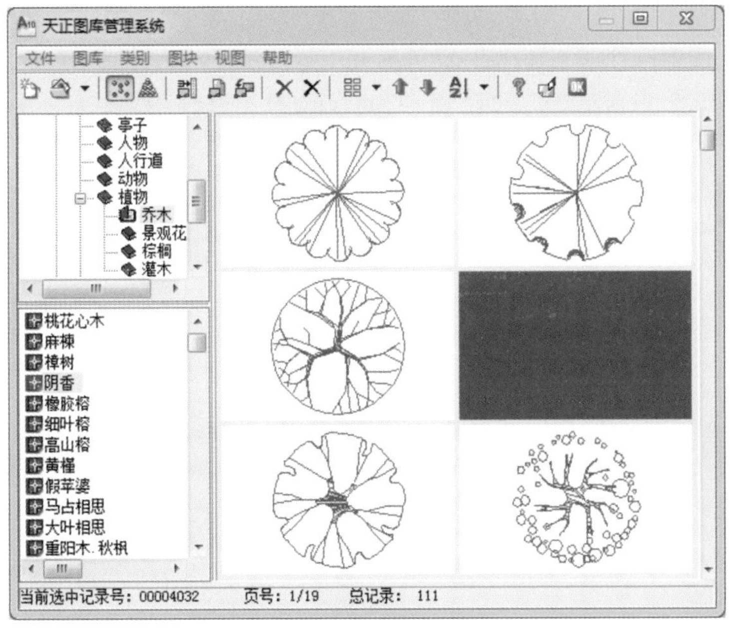

图 8.1　天正植物图库图例

③将大型落叶乔木图例放在“LA-DQ-deciduous”图层，大型常绿乔木的图例放在“LA-DQ-evergreen”图层，小型落叶乔木和大型落叶灌木放在“LA-ZQ-deciduous”图层，小型常绿乔木和大型常绿灌木放在“LA-ZQ-evergreen”图层。

第3步：乔木、大灌木的配置设计

①在进行乔木配置时，重要景观节点会选择规格大的苗木，大多数乔木考虑3～5年成林，所以苗木表中规格都偏小。图中乔木、大灌木按3～5年成林后直径绘制（表8.1）。

表8.1 树冠直径

树 种	孤立树	高大乔木	中小乔木	常绿大乔木	锥形幼树	花灌木	绿篱
冠径/m	10～15	5～10	3～7	4～8	2～3	1～3	宽1～1.5

②先绘制行道树、树阵等规则布置的大乔木。区域外围，沿城市道路一般会用密林屏蔽噪声和灰尘；沿自然景观侧，要适当开敞借景。外围行道树分枝点需为1.8～2.0 m，树高大于4 m，间距4～6 m。区域内要注意道路空间尺度，选择适当规格的乔木。商业门前的行道树不得妨碍商铺招牌展示、遮挡门面，不可正堵商铺大门。

③绘制重点区域，如入口、景观轴、景观节点、水岸等。这些区域一般有效果图，参考效果图中植物空间群落的构成形式和色彩。

④非重点区域要注意植物生理和功能。

a. 建筑北向，靠近房基处不宜种植乔木或大灌木，以免影响窗的采光和通风；建筑南向应种落叶乔木，以挡夏日阳光，又不遮挡冬日阳光，而建筑西侧则宜种植高大落叶乔木以防夏日西晒。

b. 常绿乔木：区域内同一品种的乔木最好不超过绿化总造价的5%，相邻种植乔木规格不得相同。胸径>12 cm，占总乔木数20%左右。重点地段点缀名贵乔木，散置2～3棵，规则放的6棵。水边、边坡地段可采取特型乔木。

c. 落叶乔木、变色树种：区域内同一品种的乔木造价最好不超过绿化造价的5%，相邻种植乔木规格不得相同（行道树除外）。胸径>15 cm，占总乔木数的20%左右。重点地段点缀名贵乔木。边坡地采取特型乔木。

d. 国家三星绿标要求住区的绿地率不低于30%，人均公共绿地面积不低于1 m^2，每100 m^2绿地上不少于3株乔木。

e. 车库顶板上不可选用榕树等根系发达植物，且景观布置必须检验是否超过顶板的允许荷载。

相关知识：

当树木距建筑外墙较近时，应标明植物与外墙及地上地下管线设施之间的距离，以避免因施工误差造成种植不符合规范的现象出现。园林植物与有关设施的距离要求：

(1)树木与架空电力线路导线的最小垂直距离要求见表8.2；

(2)树木与地下管线外缘的最小水平距离要求见表8.3；

(3)当我们在植物种植设计中遇到特殊情况不能达到表8.3中规定的标准时，其绿化树木根颈中心至地下管线外缘的最小距离可采用表8.4的相关规定；

(4)树木与其他设施的最小水平距离要求见表8.5、表8.6。

表8.2　树木与架空电力线路导线的最小垂直距离

电压/kV	1～10	35～110	154～220	330
最小垂直距离/m	1.5	3.0	3.5	4.5

表8.3　树木与地下管线外缘的最小水平距离

管线名称	距乔木中心距离/m	距灌木中心距离/m
电力电缆	1.0	1.0
电信电缆(直埋)	1.0	1.0
电信电缆(管道)	1.5	1.0
给水管道	1.5	—
雨水管道	1.5	—
污水管道	1.5	—
燃气管道	1.2	—
热力管道	1.5	1.5
排水盲沟	1.0	—

表8.4　树木根颈中心至地下管线外缘的最小距离

管线名称	距乔木根颈中心距离/m	距灌木根颈中心距离/m
电力电缆	1.0	1.0
电信电缆(直埋)	1.0	1.0
电信电缆(管道)	1.5	1.0
给水管道	1.5	1.0
雨水管道	1.5	1.0
污水管道	1.5	1.0

表8.5　树木与其他设施距离的最小水平距离

设施名称	距乔木中心距离/m	距灌木根颈中心距离/m
低于2 m的围墙	1.0	—
挡土墙	1.0	—
路灯杆柱	2.0	—
电力、电信杆柱	1.5	—
消防龙头	1.5	2.0
测量水准点	2.0	2.0

表 8.6 绿化植物与建筑物、构筑物的平面间距

建筑物、构筑物名称	距乔木中心不小于/m	距灌木边缘/m
建筑物外墙:有窗无窗	2.00~4.00	0.50
挡土墙顶内与墙角外	1.00	0.50
标准轨距铁路中心	5.00	3.50
道路路面边缘	1.00	0.50
人行道路面边缘	2.00	2.00
体育用场地	3.00	3.00
电杆中心	2.00	0.75
路旁变压器边缘、交通灯柱	3.00	不宜种
警亭	3.00	不宜种
路牌、交通指示牌、车站标志	1.20	不宜种
消防龙头、邮筒	1.20	不宜种
天桥边缘	3.50	不宜种
排水沟边缘	1.00	0.50
冷却塔边缘	1.50	不限
冷却池边缘	40.00	不限

⑤灌木平面图中应按照《风景园林制图标准》(CJJ/T 67—2015)的要求表达灌木的种植形式,如自然式、绿篱、镶边植物等,并在其附近用文字说明植物名称和数量(棵数或面积)。此处叙述的灌木植物种植主要是表达处在中层植物的大灌木、不包括绿篱、灌木丛、规则式的花坛等。绘制过程与乔木种植设计过程相同,此处不再叙述。

第 4 步:引注苗木信息

设置"LA-DQ-TEXT"为当前图层。相同植物圆心连线,引注"序号+植物名+数量"。同一苗木有多种规格的用同一图例,苗木表中分别编号(表 8.7)。乔木按规格分为 A、B、C 三档,不同品种各档规格不一定相同。图 8.2 中,蓝花楹引注编号为 B,数量 1 棵。

表 8.7 同一品种多种规格苗木表编号

序 号	苗木名称	规 格	数 量	单 位	株 距
1	蓝花楹 B	胸径 16~18 cm,枝下高 200~220 cm,树高 600~650 cm,冠幅 400~420 cm,土球 100 cm	14	株	见图
2	蓝花楹 C	胸径 12~13 cm,枝下高 180~200 cm,树高 500~550 cm, 冠幅 300~350 m,土球 80 cm	33	株	见图

第5步:乔木定位

乔灌木这样的点状种植有规则式与自由式种植两种。

①对于规则式的点状种植(如行道树、阵列式种植等)可用尺寸标注出株行距、始末树种植点与参照物的距离或坐标。

②对于自由式的点状种植(如孤植树),可用坐标标注清楚种植点的位置或采用三角形标注法进行标注(图8.3)。

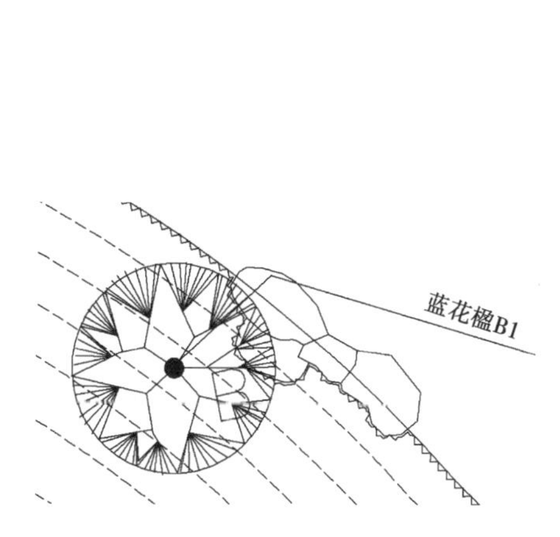

图8.2　同一品种多种规格乔木标注

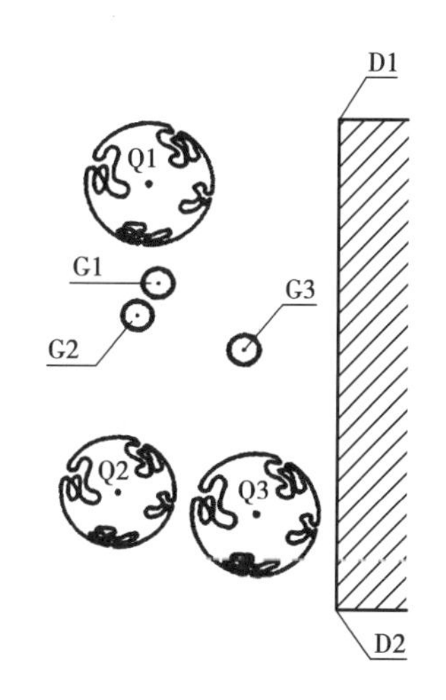

图8.3　点状种植定位图

现状中有D1、D2两个参照点,设计有Q1、Q2、Q3乔木和G1、G2、G3灌木,列出定点放线表:

LQ1D1 =(Q1点的乔木距D1点之距离)

LQ1D2 =(Q1点的乔木距D2点之距离)

LG1D1 =(G1点的乔木距D1点之距离)

点状种植植物往往对植物的造型形状、规格的要求较严格,应在施工图中表达清楚,除利用立面图、剖面图表示以外,可用文字来加以标注(图8.4),与苗木表相结合,用DQ、DG加阿拉伯数字分别表示点状种植的乔木、灌木(DQ1,DQ2,DQ3,…,DG1,DG2,DG3,…)。

③片植乔灌木不需要准确定位,网格法定位即可。

植物的种植修剪和造型代号可用罗马数字:Ⅰ,Ⅱ,Ⅲ,Ⅳ,Ⅴ,Ⅵ,…,分别代表自然生长形、圆球形、圆柱形、圆锥形等。网格尺寸通常为1 m、2 m、2.5 m、5 m、10 m,按图的绘制比例和定位精准度要求确定,一般1∶100以下的图,网格尺寸为1~2 m,1∶300的图,网格尺寸设5~10 m。乔木、灌木、地被平面图最好统一网格尺寸。

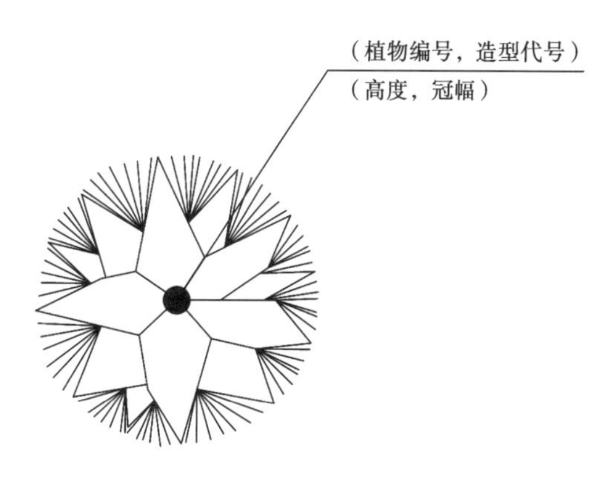

图8.4　点状种植植物的标注方法

项目8任务2、3、4
微课

任务2 绘制A区地被种植平面图

【任务下达】

绘制地被植物、小灌木平面图,并引注植物信息;修剪灌木须注明修剪高度、形状和冠幅尺寸。

实训资料

任务1完成的"A区植物配置.dwg"。

实训要求

(1)注意乔灌木与地被植物的空间位置关系;

(2)注意植物生长习性,乔木林下方不宜种喜阳植物;

(3)标注规范、图面整洁美观。

【任务实施】

地被植物种植设计在本章节是指按面积统计工程量的灌木丛、花卉、绿篱、草坪等,一般情况下,采用多种植物组合搭配种植,种植密度较大,表现植物的群体美。地被植物通常用采用闭合线段来表示。

第1步:绘图设置

复制布局"乔木平面",重命名为"地被平面",关闭乔木相关的图层,设"LA_DB"为当前层。

第2步:绘制灌木丛

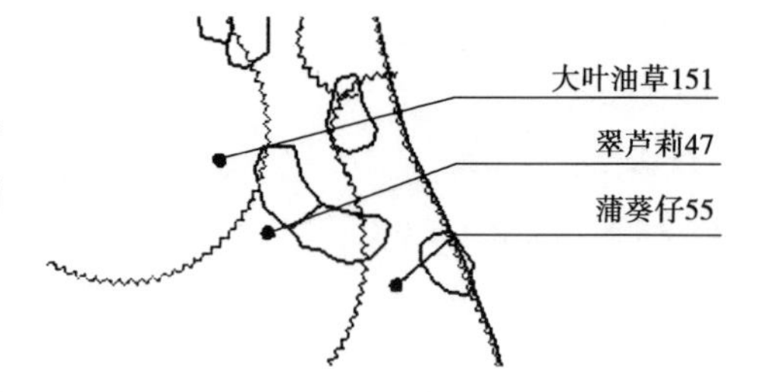

图8.5 灌木边线

用Polyline多义线绘制修剪灌木丛或花卉边界,可以用细实线表示修剪灌木,细波浪线表示自然生长植物(图8.5),也可以都用波浪线以区别于道路边线。

灌木占绿化造价的7%左右。栽植在墙角、水边,起遮丑、柔化作用。

草坪与地被占有比例在30%左右。南方以暖季型草,如结缕草、狗牙根等为主;北方以冷季型草,如黑麦草、高羊茅为主;地灌要求丰富,重点区域宜考虑1年生花卉。

花架需种植爬藤、开花植物,但金属构架不宜种植爬藤植物。高于1.2 m的挡土墙,如无其他景观要求,都要使用爬藤及悬垂植物进行挡墙绿化。

湿地植物选用耐水、湿植物,如风车草、纸莎草、香蒲、再力花等。水景内无其他要求的,应种植挺水植物与漂水植物。

为增强首层住户的私密性,在距窗1 m左右处植一排花灌木,高度高出窗台300~500 mm既可以遮挡外面的视线,又使房内的人有景可赏,同时不影响采光通风。

第3步:引注植物信息、定位

在地被图中应标明植物名称、规格、密度、面积等信息(图8.6)。

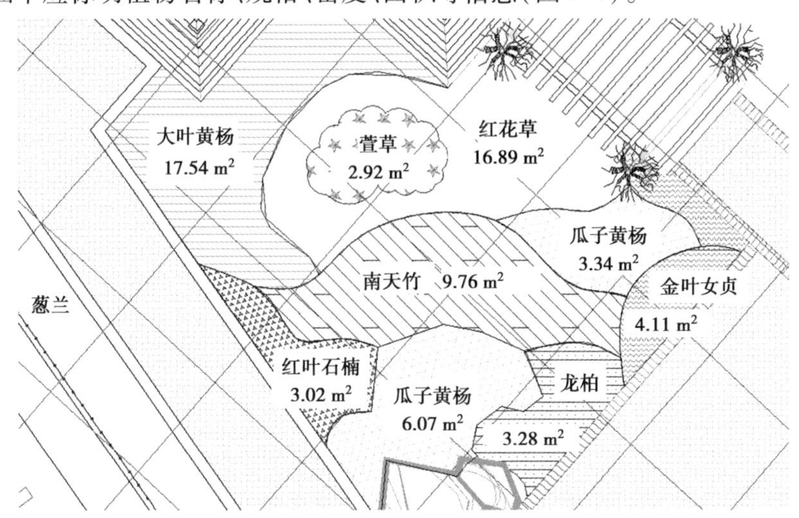

图8.6　地被植物标注图

对于边缘线呈规则的几何形状的片状种植,可用尺寸标注方法标注,为施工放线提供依据,而对边缘线呈不规则的自由线的片状种植,应绘方格网放线图,文字标注方法如图8.6所示。与苗木表相结合,用PQ、PG加阿拉伯数字分别表示片状种植的乔木、灌木。

草皮是在上述两种种植形式的种植范围以外的绿化种植区域种植,一般留白不做任何标注。

任务3　整理书写植物设计说明、苗木表

【任务下达】

仔细阅读植物种植设计说明范本;在范本基础上修改工程概况、设计依据、种植要求、施工注意事项等信息。在苗木表模板中填写图例、规格、数量等信息,分别完成乔灌木植物配置表和地被植物配置表。

实训资料

(1)植物设计说明1.pdf(可下载);

(2)植物设计说明2.pdf(可下载);

(3)绿化种植设计说明.dwg(可下载)。

项目8任务3
实训资料

实训要求

(1)充分熟悉项目中涉及的植物种类及其对应的运输、种植、养护等要求;

(2)对种植季节、养护有特殊要求的植物,须予以说明;

(3)苗木信息完整,数量准确。

【任务实施】

第 1 步:仔细阅读植物种植设计说明范本

第 2 步:修改信息

①修改范本中项目信息,如项目名称、建设单位等。

②根据项目植物配置情况,删除无关内容,增补特殊内容。

相关知识:

植物种植说明就是针对植物选苗、栽植和养护过程进行中需要注意的问题进行说明,是实际施工项目中植物种植的依据,对植物种植施工具有指导性意义。种植说明主要从以下几个方面进行说明:该项目所处地理位置、气候类型、植物种群特征、植物配置原则、主要景点的植物配置的特点。

(1)应符合城市绿化工程施工及验收规范要求:

①种植土要求;

②种植场地平整要求;

③苗木选择要求;

a. 说明对土壤的要求;

b. 说明对表层种植土的要求;

c. 说明对苗木选择的要求;

d. 说明对苗木栽植的注意事项;

e. 说明对大树移植的注意事项;

f. 说明对养护管理方面的注意事项;

g. 说明对施工顺序方面的注意事项。

④植栽种植要求:季节、施工要求;

⑤植栽间距要求;

⑥屋顶种植的特殊要求;

⑦其他需要说明的内容。

(2)新材料、新技术做法及特殊造型要求。

(3)其他需要说明的问题。

(4)照明:该项目照明系统的设计原则,灯具控制方式,配电原则。

(5)给排水:分别说明绿化、水景的给水方式及控制原则。

(6)其他注意事项。

第 3 步:完善苗木表

①检查、填写苗木表内苗木规格。

②统计乔灌木数量。

乔灌木数量统计有两种方法:一是在 CAD 乔灌木配置图中,用“快速选择”命令查找图例块名,就能查到块数量(图 8.7);二是用 count_k0 插件统计。

地被植物面积统计用 list 命令或 area 命令查阅 pl 边界线。也可以用天正软件中面积统计命令“cxmj”(图 8.8)。

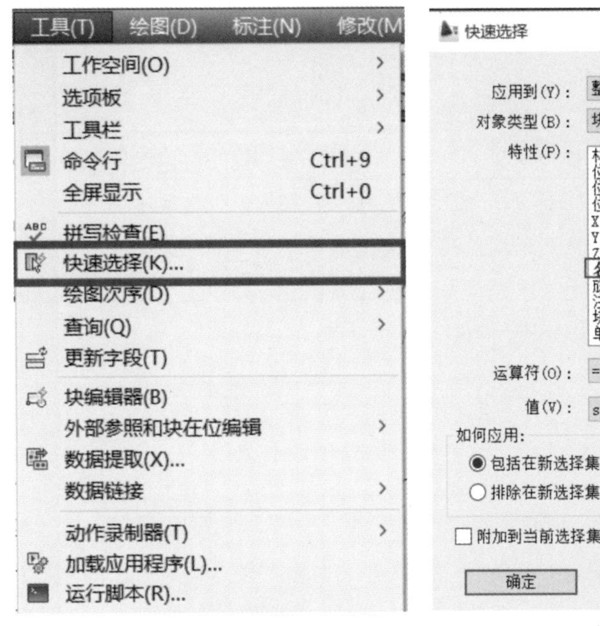

(a) 快速选择

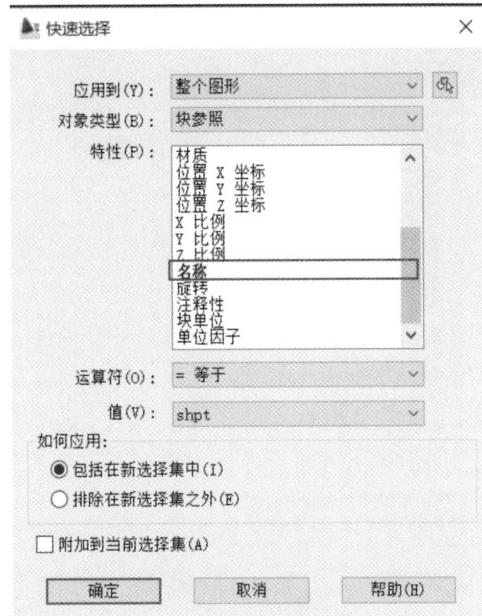

(b) 输入乔木块名

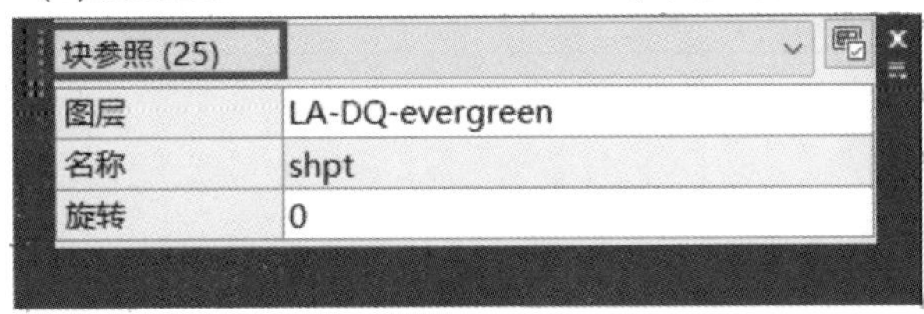

(c) 统计结果

图 8.7　统计乔木数量

(a) 查询面积对话框

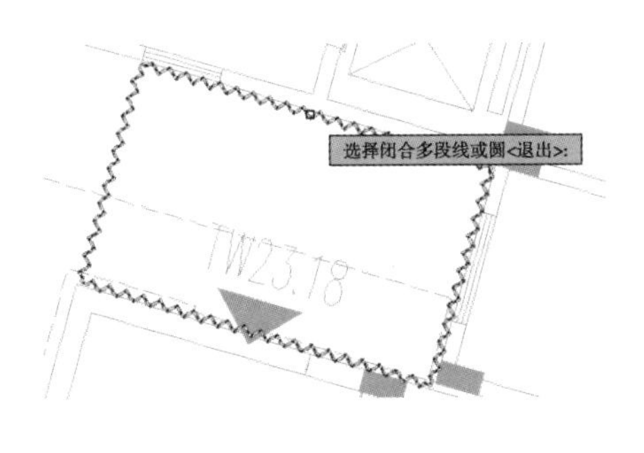

(b) 点击闭合线

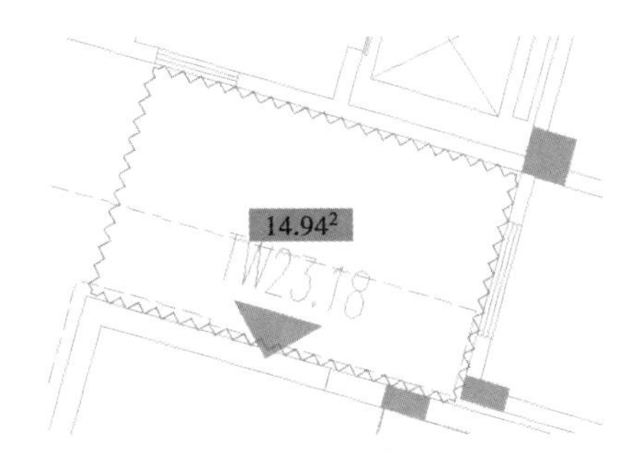

(c) 标注面积

图 8.8　天正查询面积

【项目评价】

评价内容	评价标准	权重/%	分项得分
任务 1	乔灌木冠幅应依据苗木表中冠幅尺寸按比例绘制，引注详尽； 乔灌木搭配合理，疏密有致； 标注规范、图面整洁美观	30	
任务 2	注意乔灌木与地被植物的空间位置关系； 标注规范、图面整洁美观	30	
任务 3	理解设计说明中表述内容； 设计说明全面、详尽； 苗木表信息完整	20	
职业素养	植物配置设计能力、CAD 绘图能力、熟悉植物种类和习性	20	
总　分		100	

项目 9 编制园林景观施工图文字部分

【项目目标】

了解施工图完成阶段工作任务及工作内容;掌握施工图文本编制方法;掌握出图打印方法;培养严谨、细致的绘图习惯。

项目 9 微课

任务 1　编制施工图文本

【任务下达】

施工图基本绘图工作完成后,还有大量的校对检查、整理成册的工作,业内习惯称此阶段为"收图"。把所有已完成的工作汇总、检查补漏、整理成施工图文本需要相当强的整体把控能力和细致。

实训资料

封面.dwg、目录.dwg、设计说明.dwg(可下载)。

项目 9 任务 1 实训资料

实训要求

(1)仔细检查核对;

(2)图纸顺序编排合理。

【任务实施】

第 1 步:编制施工图图纸目录,按顺序排列图纸

编制施工图图纸目录是为了说明该工程由哪些专业图纸组成,其目的是方便图纸的查阅、归档及修改。图纸目录是一套施工图的明细和索引。

图纸目录应分专业编写,园林、结构、给排水、电气等专业应分别编制自己的图纸目录,但若结构、给排水、电气等专业图纸量太少,也可与园林专业图纸并列一个图纸目录,成为一套图纸。

1)编制格式

图纸目录应排列在一套图纸的最前面,且不编入图纸的序号中,通常以列表的形式表达。图纸目录图幅的大小一般为 A4(297 × 210),如果图纸数量多,也可用 A3 或其他图幅。

图纸目录表的格式可按各设计单位的格式编制。一般图纸目录表由序号、图纸编号、图纸

名称、图幅等组成，有的还有修改版本和出图日期统计。各设计单位可根据自己的情况增减，见表9.1。序号应从“1”开始，直到全套图纸的最后一张。不得空缺和重复，从最后一个序号数可知全套图纸的总张数。

表9.1 图纸目录样表

<table>
<tr><td colspan="4" rowspan="2">项目名称</td><td>设计阶段</td><td colspan="2">施工图设计</td></tr>
<tr><td colspan="3">专业 年</td></tr>
<tr><td colspan="4" rowspan="2">图 纸 目 录</td><td rowspan="2">0 景施</td><td colspan="2">第xx页</td></tr>
<tr><td colspan="2">共xx页</td></tr>
<tr><td rowspan="2">序号</td><td rowspan="2">图 纸 名 称</td><td colspan="2">图 纸 编 号</td><td rowspan="2">图纸规格</td><td colspan="2" rowspan="2">备 注</td></tr>
<tr><td>新 制</td><td>复 用</td></tr>
<tr><td>1</td><td></td><td></td><td></td><td></td><td colspan="2"></td></tr>
<tr><td>2</td><td></td><td></td><td></td><td></td><td colspan="2"></td></tr>
<tr><td>3</td><td></td><td></td><td></td><td></td><td colspan="2"></td></tr>
<tr><td>4</td><td></td><td></td><td></td><td></td><td colspan="2"></td></tr>
<tr><td>5</td><td></td><td></td><td></td><td></td><td colspan="2"></td></tr>
<tr><td>6</td><td></td><td></td><td></td><td></td><td colspan="2"></td></tr>
<tr><td>…</td><td></td><td></td><td></td><td></td><td colspan="2"></td></tr>
</table>

<table>
<tr><td>职 称</td><td>设 计</td><td>校 对</td><td>审 核</td><td colspan="2">工 程 负 责</td><td>审 定</td><td rowspan="4">备注</td></tr>
<tr><td>姓 名</td><td></td><td></td><td></td><td></td><td></td><td></td></tr>
<tr><td>签 名</td><td></td><td></td><td></td><td></td><td></td><td></td></tr>
<tr><td>日 期</td><td></td><td></td><td></td><td></td><td></td><td></td></tr>
</table>

图纸目录中的图纸编号、图纸名称应该与其对应的图纸中的图纸编号、图纸名称相一致，以免混乱，影响识图。

2）图纸编排顺序和编号设计要点

（1）图纸编排顺序　园林专业全套施工图纸一般包括总图和详图两大部分，图纸排序先排列总图图纸再排列详图图纸。各个专业图纸目录参照下列顺序编制：

①园建专业　硬景设计说明；总平面图（含植物配置）；总平面索引图；铺地总图；总平面定位图；总平面竖向图；各标准做法详图；各景点详图（包括景点的平面、立面、剖面、大样、节点及结构图）。

②植物专业　软景设计说明；植物配置图。

③电气专业　电气设计说明；主要设备材料表；照明平面布置图；放大详图；系统图；控制线路图。

④给排水专业　给排水设计说明；给排水布置总图；放大详图。

（2）图纸编号设计　当图纸内各专业的分区相同时，图号排序规则如下：

总-00　设计说明 A2

总-01 总平面分区及放线图 A2

通-01 本工程通用节点 A2

通-0X 植物苗木表 A2

⋮

1-0-1 一区铺装及索引图 A2

1-0-2 一区放线及竖向图 A2

1-0-3 一区乔灌木种植图 A2

1-0-4 一区乔木种植图 A2

1-0-5 一区灌木种植图 A2
1-0-6 一区景观给排水平面图 A2
1-0-7 一区景观照明平面图 A2
1-1-1 一区节点一详图一 A2
1-1-2 一区节点一详图二 A2
⋮
1-2-1 一区节点二详图一 A2
1-2-2 一区节点二详图二 A2
⋮
2-0-1 二区铺装及索引图 A2
2-0-2 二区放线及竖向图 A2
⋮
2-1-1 二区节点一详图一 A2
2-1-2 二区节点一详图二 A2
⋮

图纸内各专业的分区不相同时(但园建与植物专业的分区应一致,由园建专业调底图并分区后共享给植物专业),各专业必须出各自专业的索引图;图号排序规则按各专业要求编排,并分各专业出目录,见表9.2。

表 9.2 图纸目录

园建图纸目录

序号	图号	图名	备注	图幅
		标准图部分		
001		封面		
002	T-01.1	图纸目录一		A2
003	T-01.2	图纸目录二		A2
004	T-02	园建设计说明一		A2
005	T-03	园建设计说明二		A2
006	T-04	注解总列，工程做法总列		A2
		总图部分		
007	ZT-01	总平面图		A1
008	ZT-02	A分区物料总平面图		A1+
009	ZT-03	B分区物料总平面图		A1
010	ZT-04	A分区竖向总平面图		A1+
011	ZT-05	B分区竖向总平面图		A1
012	ZT-06	A分区尺寸定位总平面图		A1+
013	ZT-07	B分区尺寸定位总平面图		A1
014	ZT-08	A分区网格定位总平面图		A1+
015	ZT-09	B分区网格定位总平面图		A1
016	ZT-10	索引总平面图		A1
017	ZT-11	成品布置总平面图		A1
		通用部分		
018	TY-01.1	通用铺装及做法详图一		A2
019	TY-01.2	通用铺装及做法详图二		A2
020	TY-02.1	雨水井、雨水口等详图		A2
021	TY-03	驳岸大样图		A2
022	TY-04.1	前院门及围墙详图一		A2
023	TY-04.2	前院门及围墙详图二		A2
024	TY-04.3	前院门及围墙详图三		A2
025	TY-04.4	前院门及围墙详图四		A2
026	TY-05.1	后院门及围墙详图一		A2
027	TY-05.2	前院门及围墙详图二		A2
		详图部分		
028	YS-1.1	3号楼入口门楼详图详图一		A2
029	YS-1.2	3号楼入口门楼详图详图二		A2
030	YS-1.3	3号楼入口门楼详图详图三		A2
031	YS-1.4	3号楼入口门楼详图详图四		A2
032	YS-2.1	“万卷山房”构架详图一		A2
033	YS-2.2	“万卷山房”构架详图二		A2
034	YS-2.3	“万卷山房”构架详图三		A2
035	YS-2.4	“万卷山房”构架详图四		A2
036	YS-3.1	花池详图		A2

序号	图号	图名	备注	图幅
		详图部分		
037	YS-4.1	养心轩详图一		A2
038	YS-4.2	养心轩详图二		A2
039	YS-4.3	养心轩详图三		A2
040	YS-4.4	养心轩详图四		A2
041	YS-4.5	养心轩详图五		A2
042	YS-4.6	养心轩详图六		A2
043	YS-4.7	养心轩详图七		A2
044	YS-5.1	发呆亭一详图一		A2
045	YS-5.2	发呆亭一详图二		A2
046	YS-6.1	发呆亭二详图一		A2
047	YS-6.2	发呆亭二详图二		A2
048	YS-7.1	景观桥详图一		A2
049	YS-7.2	景观桥详图二		A2
050	YS-8.1	儿童趣味眺台详图一		A2
051	YS-8.2	儿童趣味眺台详图二		A2
052	YS-8.3	儿童趣味眺台详图三		A2
053	YS-8.4	儿童趣味眺台详图四		A2
054	YS-9.1	小矮墙详图		A2
055	YS-10.1	假山跌水尺寸定位平面图		A2
056	YS-10.2	假山跌水物料&竖向&索引平面图		A2
057	YS-10.3	假山跌水网格平面图		A2
058	YS-10.4	假山跌水详图一		A2
059	YS-10.5	假山跌水详图二		A2
060	YS-11.1	六角亭详图一		A2
061	YS-11.2	六角亭详图二		A2
062	YS-11.3	六角亭详图三		A2
063	YS-11.4	六角亭详图四		A2
064	YS-12.1	亲水平台详图一		A2
065	YS-12.2	亲水平台详图二		A2
066	YS-12.3	亲水平台详图三		A2
067	YS-12.4	亲水平台详图四		A2
068	YS-12.5	亲水平台详图五		A2
069	YS-13.1	登船码头详图一		A2
070	YS-13.2	登船码头详图二		A2
071	YS-13.3	登船码头详图三		A2
072	YS-13.4	登船码头详图四		A2
073	YS-13.5	登船码头详图五		A2
074	YS-13.6	登船码头详图六		A2
075	YS-14.1	3号院尺寸定位平面图		A2

REVISION 变更	DESCRIPTION 内容摘要	DESIGNED 设计	CHECKED 审核	DATE 日期

建设单位 CLIENT

项目名称 PROJECT NAME

项目编号 PROJECT NO.

图纸名称 DRAWING TITLE 图纸目录一

审定 APPROVED BY	
审核 CHECKED BY	
项目负责人 CAPTAIN	
项目设计师 PROJECT DESIGNER	
校对 COLLATED BY	
设计 DESIGNED BY	
专业 SPECIALITY	园建
比例 SCALE	图示
图号 DRAWING NO.	T-01.1
日期 DATE	2016-04

第 2 步:每张图纸图框内填写图纸编号

第 3 步:补填索引号中的页码及编号信息

图纸目录编排定稿后,在所有预留的索引号中填入索引图号。

索引格式如图 9.1 所示。

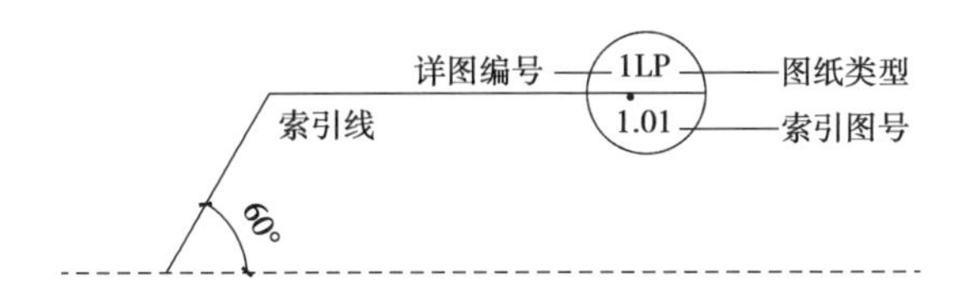

图 9.1　索引号格式

第 4 步:修改施工图设计说明范本

施工图设计说明是对图样中无法表达清楚的内容用文字加以详细的说明,它是园林施工图设计的纲要,不仅对设计本身起着指导和控制的作用,更为施工、监理、建设单位了解设计意图提供了重要依据。同时,它还是设计师维护自身权益的需要。施工图设计说明不是施工说明,它是设计单位针对图纸设计的总说明,包括工程概况、设计依据、主要指标数据、施工要求、技术措施及其他要求。

园林工程各专业设计说明包括园林、结构、给排水、电气等。通常情况下,各专业设计说明各自编写,工程简单或规模较小时,各专业说明可以合并,内容可以简化,如图 9.2 所示。

1)工程概况

工程概况包含工程名称、建设地点、建设单位、建设规模(园林用地面积)等内容;工程性质需考虑是建筑场地还是公园绿地,如果是住宅或商业绿地,园林是否建在地下车库上;是否人车分流等。

2)设计依据

依据性文件有以下 4 个方面内容:

①经相关政府部门批准的方案设计、初步设计审批文件(列出批文号)等;

②本专业设计所依据的主要法规和主要标准(包括标准的名称、编号、年号和版本号);

③甲方相关的会议纪要(列出名称、日期等);

④甲方提供的有关地形图及气象、地理和工程地质资料等。

3)主要指标数据

主要指标数据包括总用地面积、建筑面积、园林用地面积、硬地面积、绿地面积、水面面积、停车场面积、道路面积、绿化率等指标等。

4)施工要求

对工程施工、种植等方面的特殊施工要求。

5)技术措施

技术措施包括墙体、道路、地面、地沟、座椅、变形缝、水景及小品设施等的构造说明以及钢材、木材的选用要求和工艺处理等技术措施。

6)其他说明

该工程其他一些个性化的要求和说明等。

第5步:修改施工图封面模板上的信息

每个设计机构都有固定格式的施工图封面模板,封面上应有项目名称、图纸类别、项目地址、发行日期、发行方式、设计单位名称、地点及联系方式等信息(图9.3)。

项目名称

设计阶段

项目编号:×××××

姓名 ________

指导老师 ________

设计单位

日期

图9.3 封面模板

第6步:检查图框信息

检查每张图的图名、绘图比例、指北针、图纸编号、设计人等信息。

任务2 出图打印

【任务下达】

施工图收图后,打印装订成册。

实训要求

(1)仔细检查核对;

(2)图面整洁、线型清晰、字体字高一致、图纸内容完整。

【任务实施】

第1步:出图准备

最后出图前,必须完成以下几项工作:

①打印图纸前,应将每张图排列整齐。

②最后存盘前,应对图纸文件进行清理(PURGE)和视图最大化(ZOOM-E)。

③图纸文件应按照计算机编号有序存档,以备日后查用。

④所有图纸布图应美观、清晰,注意做到横平竖直、整体紧凑、间距匀称。

⑤为避免日后打印时遗忘,在布图窗口应标明:

a. 图纸大小、共几张。

b. 是否使用图层管理器(按图层的线宽、线形、灰度打印)。

c. 打印的格式(按打印格式文件打印)。

⑥打印格式文件要附上。

第2步:打印一套A3样图,再次核对、检查

第3步:输出为pdf格式文件

按绘图比例打印输出成pdf格式文件,再交予打印公司打印,这样可以避免字体、线形比例(line type scale)、外部参照链接等出错。

打印输出完毕后,必须先进行校对,确认无误后方可交付打印。施工图一般先打印一份硫酸图,在硫酸图上做最后的检查、校对,小错误可以在硫酸图上进行修改,大错误、改动明显会影响图纸美观时,须重新打印硫酸图。

硫酸图上须设计人、校对人、审核人、审定人、项目负责人、专业负责人在标题栏对应位置签字,各专业负责人在会签栏签字。

经过专业互校、确认签字后的硫酸图晒制成蓝图,封面上盖设计公司资质章或公章送施工图审查中心审图。如果无须审图,可以晒制9套蓝图(具体情况根据设计合同确定),其中一套公司留存。

【项目评价】

评价内容	评价标准	权重/%	分项得分
任务1	封面、图框、目录内信息无误; 目录编排顺序合理,无遗漏重复	50	
任务2	图纸比例、线形无错; 图面整洁,内容无错	30	
职业素养	仔细	20	
总　分		100	

附　录

附录1　园林施工图设计相关规范和标准

1. 园林施工图制图相关标准

参照中华人民共和国建设部关于城市规划和建筑设计的制图标准：

(1)《风景园林基本术语标准》(CJJ/T 91—2017)

(2)《风景园林制图标准》(CJJ/T 67—2015)

(3)《房屋建筑制图统一标准》(GB/T 50001—2017)

(4)《总图制图标准》(GB/T 50103—2010)

2. 园林施工图设计相关规范

(1)《公园设计规范》(GB 51192—2016)

(2)《风景名胜区总体规划标准》(GB/T 50298—2018)

(3)《风景名胜区详细规划标准》(GB/T 51294—2018)

(4)《城市绿地分类标准》(CJJT 85—2017)

(5)《城市绿地规划标准》(GB/T 51346—2019)

(6)《城市环境规划标准》(GB/T 51329—2018)

(7)《城乡建设用地竖向规划规范》(CJJ 83—2016)

(8)《城市道路绿化规划与设计规范》(CJJ 75—1997)

(9)《城镇绿道工程技术标准》(CJJ/T 304—2019)

(10)《植物园设计标准》(CJJ/T 300—2019)

(11)《无障碍设计规范》(GB 50763—2012)

(12)《室外排水设计标准》(GB 50014—2021)

(13)《城市居住区规划设计标准》(GB 50180—2018)

(14)《居住绿地设计标准》(CJJ/T 294—2019)

(15)《园林绿化工程项目规范》(GB 55014—2021)

(16)《城镇老年人设施规划规范(2018版)》(GB 50437—2007)

如果是建筑物广场或附近的绿地设计，还应参考相应建筑物的设计规范，如体育馆建筑的绿地设计，就应该参考《体育建筑设计规范(附条文说明)》(JGJ 31—2003)的相关条文。某些

省市还有地方规范和标准。

3. 园林施工图设计标准图集

国家建筑标准设计图集、各省市的地方标准图集，以及恒大、万科等大型企业编制的企业标准图集，都是初学者最适用的工具书：

(1)《环境景观——室外工程细部构造》(15J012—1)

(2)《环境景观(绿化种植设计)》(03J012—2)

(3)《环境景观(亭、廊、架之一)》(04J012—3)

(4)《环境景观(滨水工程)》(10J012—4)

附录 2　CAD 施工图设计图纸内容和深度要求对应表

<table>
<tr><td rowspan="14">景观专业</td><td colspan="2">封面</td><td>参见公司制图范本</td><td colspan="4" rowspan="4">说明：1. 在施工图设计前由项目经理再一次确认图层是否按规定的整理好。
2. 图纸是否线条 z 轴都已经归 0 处理。
3. 再一次确认是否有以下的基础条件：设计红线图、现状测绘图、给排水、电气现状、土壤、水文、气象、地质等报告以及政府的相关批文。</td></tr>
<tr><td colspan="2">图纸目录(LN-01)</td><td>参见公司制图范本</td></tr>
<tr><td colspan="2">设计说明(LN-02)</td><td>参见公司制图范本</td></tr>
<tr><td colspan="2">材料表(LN-03)</td><td>参见公司制图范本</td></tr>
<tr><td colspan="2">总平面分区示意图
(LN-04)</td><td colspan="5">深度为：控制点标高、定位坐标，大剖面索引位置，分区示意及索引号；图层为 00_ Subarea</td></tr>
<tr><td colspan="2">整体剖面图
(LS-1.01)</td><td colspan="5">深度为：表现大的场景，大剖面图、高差关系、索引号；图层同详图(LD)、通用图(LT)一致</td></tr>
<tr><td rowspan="2">分类</td><td rowspan="2">内容</td><td rowspan="2">深度</td><td colspan="2">图号(顺延……)</td><td rowspan="2">图层管理器</td><td rowspan="2">备注</td></tr>
<tr><td>一分区</td><td>二分区</td></tr>
<tr><td rowspan="4">总圈(LP)</td><td>总平面索引图</td><td>景观点名称、索引号、景点区域名称及索引、小剖面索引位置</td><td>LP-1.01</td><td>LP-1.02</td><td>01_Plan</td><td rowspan="4">1. 在初步设计图的基础上完善细化图纸，进行各节点图和施工图设计的规范化。
2. 其他专业的配合完成。</td></tr>
<tr><td rowspan="2">总平面定位图</td><td>设计说明、道路定位及控制尺寸</td><td>LP-2.01</td><td>LP-2.02</td><td>02_ Location-Road</td></tr>
<tr><td>设计说明、景观定位及控制尺寸</td><td>LP-2.01.1</td><td>LP-2.01.2</td><td>02_ Location-Cir</td></tr>
<tr><td>总平面竖向图</td><td>设计说明、图例表、景区标高、排水、坡向、坡度、地形设计(等高线设计)</td><td>LP-3.01</td><td>LP-3.02</td><td>03_ Level</td></tr>
</table>

续表

<table>
<tr><td rowspan="13">景观专业</td><td colspan="2" rowspan="2">分类</td><td rowspan="2">内容</td><td rowspan="2">深度</td><td colspan="2">图号(顺延……)</td><td rowspan="2">图层管理器</td><td rowspan="2">备注</td></tr>
<tr><td>分区</td><td>二分区</td></tr>
<tr><td colspan="2" rowspan="4">总图(LP)</td><td>总平面铺装图</td><td>设计说明、图例、材料统计表、铺装材料分割线、材料填充</td><td>LP-4.01</td><td>LP-4.02</td><td>04_ Pave</td><td rowspan="6">3. 平面图、定位图、竖向图、铺装平面图必须有设计说明、图例、标明风玫瑰图或指北针、比例尺、区域位置示意图</td></tr>
<tr><td>总平面灯具布置图</td><td>设计说明、灯具布置及定位、图例、灯具统计表</td><td>LP-5.01</td><td>LP-5.02</td><td>05_ Light</td></tr>
<tr><td>总平面配套设施布置图</td><td>设计说明、配套设施布置及定位、设施图例、设施统计表</td><td>LP-6.01</td><td>LP-6.02</td><td>06_ Fixing</td></tr>
<tr><td>其他总图</td><td>如消防、流线等</td><td>LP-7.01</td><td>LP-7.02</td><td>07_ Fline</td></tr>
<tr><td colspan="2">分类</td><td>内容</td><td>内容深度</td><td colspan="3">图号(顺延……)</td></tr>
<tr><td colspan="2">详图(LD)</td><td>特色景观详图</td><td>平、立、剖面、局部大样</td><td colspan="3">LD-1.01, LD-1.01.1,…(第一分区)
LD-1.02,LD-1.02.1,…(第二分区)</td></tr>
<tr><td colspan="2">通用图(LT)(标准详图)</td><td colspan="3">道路断面(LT-1.01)、路牙(LT-2.01)、排水沟(LT-3.01)、台阶踏步(LT-4.01)、栏杆及残疾人坡道(LT-5.01)、花池树池(LT-6.01),其他顺延</td><td colspan="3" rowspan="4">说明:1. 如其他专业图纸量不大时,可把目录编制入景观专业;
2. 项目经理在完成施工图以后,按照要求将详图及通用图归入公司通用图库内;
3. 绘图软件及保存的版本,图层、图层管理器和线型必须按照公司的相关规定执行;
4. 项目经理组织互校,校对完成后交技术总监审核,在白图上标出错误处并填写校对、审核单,提出修改意见,修改后可打印;
5. 绿化专业图纸内容及深度详见《9 绿化设计各阶段内容、深度规定》</td></tr>
<tr><td colspan="2" rowspan="3">选型意见书(参见公司范本)</td><td>灯具选型意见书</td><td colspan="2">统计表、选型照片、CAD简图、技术指标</td></tr>
<tr><td>雕塑选型意见书</td><td colspan="2">统计表、选型照片、CAD简图、技术指标</td></tr>
<tr><td>配套设施选型意见书</td><td colspan="2">统计表、选型照片、CAD简图、技术指标</td></tr>
<tr><td colspan="2" rowspan="6">其他专业的介入(介入的时间和深度由技术总监确定)</td><td>结构专业</td><td colspan="6">封面　图纸目录(GN-01)　设计说明(GN-02)　结构详图(GD-×.××)</td></tr>
<tr><td>给排水专业(含水景专业)</td><td colspan="6">封面　图纸目录(SN-01)　设计说明(SN-02)　总平面图(SP-×.××)　详图(SD-×.××)</td></tr>
<tr><td>电气专业(含照明专业)</td><td colspan="6">封面　图纸目录(DN-01)设计说明(DN-02)　总平面图(DP-×.××)　详图(DD- ×.××)</td></tr>
<tr><td>暖通专业</td><td colspan="6">封面　图纸目录(KN-01)　设计说明(KN-02)　总平面图(KP-×.××)　详图(KD-×.××)</td></tr>
<tr><td>绿化专业</td><td colspan="6">封面　图纸目录(PN-01)　设计说明(PN-02)　苗木表(PN-03)　总平面、定位图(PP-×.××)　种植详图(PD-×.××)</td></tr>
<tr><td>土方工程专业</td><td colspan="6">封面　图纸目录(FN-01)　土方平衡图(附设计说明、图例及分区示意图)(FP-01 ~06)</td></tr>
</table>

附录3　某企业景观设计技术标准

1.景观等级分类

<table>
<tr><th colspan="2">定位标准</th><th>造价/(元·m^{-2})</th><th>特　点</th></tr>
<tr><td rowspan="3">高档楼盘</td><td>A</td><td>700～1 200</td><td rowspan="2">①适度选用名贵乔木,如银海枣(热带)、银杏(全国)、多宝树(热带)等,其造价占绿化总造价的15%。绿化造价占总造价的37%。
②采用坡地景观,根据地形做堆高处理。
③组团道路及广场铺高档花岗岩。
④景观建筑、小品要求原创设计并满足西班牙风格要求。</td></tr>
<tr><td>B</td><td>550～700</td></tr>
<tr><td>C</td><td>500</td><td>①选用当地大规格苗木,少量选用名贵乔木,绿化造价占总造价的37%以上。
②采用坡地景观,根据地形做堆高处理。
③组团道路及广场铺当地花岗岩。
④景观建筑、小品要求满足西班牙风格要求。</td></tr>
<tr><td rowspan="2">中档楼盘</td><td>A</td><td>450～550</td><td>①选用当地一定规格苗木,绿化造价占总造价的47%。
②采用坡地景观,根据地形做堆高处理。
③组团道路及广场铺当地路面砖材并与当地花岗岩搭配使用。
④景观建筑、小品要求满足西班牙风格要求。</td></tr>
<tr><td>B</td><td>300～450</td><td>①选用的当地一定规格苗木,绿化造价占总造价的47%以上。
②采用坡地景观,根据地形做堆高处理。
③组团道路及广场铺当地路面砖材。
④景观建筑、小品宜满足西班牙风格要求。</td></tr>
<tr><td rowspan="2">普通楼盘</td><td>A</td><td>200～300</td><td>①选用当地一定规格苗木,绿化造价占总造价的57%。
②尽量采用坡地景观。
③组团道路及广场铺当地路面砖材与混凝土路面搭配使用。
④景观建筑、小品宜满足楼盘风格。</td></tr>
<tr><td>B</td><td>100～200</td><td>①选用的当地一定规格苗木,绿化总造价在57%以上。
②尽量采用坡地景观。
③组团道路及广场铺当地路面砖材与混凝土路面搭配使用。
④景观建筑、小品宜满足楼盘风格。</td></tr>
</table>

2. 景观构成

类别			高档楼盘	中档楼盘	普通楼盘
园林绿化	乔木	常绿乔木	1. 小区内同一品种的乔木不得超过绿化总造价的 5%，相邻种植乔木规格不得相同。 2. 胸径 >12 cm，占总乔木数 20% 左右。 3. 重点地段点缀名贵乔木，散置 2～3 棵，规则式种植 6 棵。 4. 水边、边坡地段可采取特型乔木。	1. 小区内同一规格的乔木不得超过总乔木 35%，相邻种植乔木规格不得相同。 2. 胸径 >10 cm，占总乔木数 20% 左右。 3. 重点地段可点缀名贵乔木，散置 2～3 棵，规则式种植 6 棵。 4. 水边、边坡地段可采取特型乔木。	1. 胸径 >8 cm，采用当地苗木。 2. 水边、边坡地段可采取特型乔木。
		落叶乔木 变色树种	1. 小区内同一品种的乔木造价不得超过绿化造价的 5%，相邻种植乔木规格不得相同(行道树除外)。 2. 胸径 >15 cm，占总乔木数 20% 左右。 3. 重点地段点缀名贵乔木。 4. 边坡地采取特型乔木。	1. 小区内同一品种的乔木造价不得超过绿化总造价的 5%，相邻种植乔木规格不得相同(行道树除外)。 2. 胸径 >12 cm，占总乔木数 30% 左右。 3. 边坡地可采取特型乔木。	1. 胸径、品种依据成本要求设计。 2. 乔木总造价占绿化造价的 40% 。
	灌木		1. 灌木占绿化造价的 7% 。 2. 栽植在墙角、水边，起遮丑、揉化作用。 3. 层次丰富。	1. 灌木占绿化总造价 10% 。 2. 栽植在墙角、水边，起遮丑、揉化作用。 3. 层次丰富。	1. 灌木占绿化总造价的 15% 。 2. 栽植在墙角、水边，起遮丑、揉化作用。
	草坪与地被		1. 草坪占有比例 >30% 。 2. 南方以暖季型草，如结缕草、狗牙根等为主。 3. 北方以冷季型草，如黑麦草、高羊茅为主。 4. 地灌要求丰富。 5. 重点区域宜考虑 1 年生花卉。	1. 草坪占有比例 >30% 。 2. 南方以暖季型草，如结缕草、狗牙根等为主。 3. 北方以冷季型草，如黑麦草、高羊茅为主。 4. 地灌要求丰富。 5. 重点区域宜考虑 1 年生花卉。	1. 草坪占有比例 >50% 。 2. 南方以暖季型草，如结缕草、狗牙根等为主。 3. 北方以冷季型，如黑麦草、高羊茅为主。 4. 宜考虑 1 年生花卉。

园林绿化	地形	1. 采用坡地景观,使坡地绿化面积:平面绿化面积达 1.15:1。 2. 要有利于有各类植物搭配,绿化有层次。 3. 使底层住宅有良好的私密性。	1. 宜采用坡地景观,使坡地绿化面积:平面绿化面积达 1.15:1。 2. 挖填基本平衡,有良好的空间感。 3. 使底层住宅有一定的私密性。	挖填基本平衡,有良好的空间感。
	车库顶板绿化	满足上述要求。	满足上述要求。	满足上述要求。
道路广场	1. 消防 2. 机动车通道	1. 组团内采用隐性车道,道宽 2.5 m 高档花岗岩铺设,两边 0.75 m 为草皮或者植草砖,隐形车路宜适当曲折。 2. 其余采用彩色道路。	1. 组团内采用隐性车道,道宽 2.5 m 地方花岗岩铺设,两边 0.75 m 为草皮或者植草砖,隐形车路宜适当曲折。 2. 其余采用普通沥青道路。	1. 组团内采用隐性车道,道宽 2.5 m 混凝土路面,两边 0.75 m 为草皮,隐形车路宜适当曲折。 2. 其余采用普通混凝土道路。
	1. 人行道 2. 园路 3. 木栈道	1. 人行道、园路应采用高档花岗岩碎拼;其中汀步整块设置,步距 700。 2. 防腐木栈道:龙骨为防腐的硬质杂木,若龙骨间距为 800 ~ 1 000,木板 30 厚;若龙骨间距为 600 ~ 700,木板 20 厚。木板宽度均为 100 ~ 150。面材为菠萝格等高档防腐木材。	1. 人行道、园路应采用当地花岗岩碎拼;其中汀步整块设置,步距 700。 2. 防腐木栈道:龙骨为防腐的硬质杂木,若龙骨间距为 800 ~ 1 000,木板 30 厚;若龙骨间距为 600 ~ 700,木板 20 厚。木板宽度均为 100 ~ 150。面材为山樟木等中档防腐木材。	1. 人行道、园路应采用当面砖;其中汀步碎块花岗岩设置,步距 700。 2. 防腐木栈道:龙骨为防腐的硬质杂木,若龙骨间距为 800 ~ 1 000,木板 30 厚;若龙骨间距为 600 ~ 700,木板 20 厚。木板宽度均为 100 ~ 150。面材为松木等普通防腐木材。
	路缘石	高档花岗岩石材路缘石。	当地花岗岩、C20 混凝土成品路缘石。	C20 混凝土成品路缘石。
	车挡	1. 颜色要醒目。 2. 间距 1.2 m 以上。	同左。	同左。
	运动场	1. 地面为柔性沥青地面或彩色塑胶地面。 2. 网球场为塑胶地面。	1. 彩色混凝土地面。 2. 网球场为塑胶地面。	普通混凝土地面。
	休闲广场	高档拼花花岗岩地面,局部塑胶图案地面 。	当地拼花花岗岩地面或当地面砖。	当地面砖或混凝土地面。

续表

类别		高档楼盘	中档楼盘	普通楼盘
道路广场	入口广场	1. 醒目的 LOGO 标志。 2. 彩色沥青、普通沥青、花岗岩路面。 3. 应考虑无障碍设计。	1. 醒目的 LOGO 标志。 2. 普通沥青、当地花岗岩路面。 3. 应考虑无障碍设计。	1. 醒目的 LOGO 标志。 2. 混凝土路面、砖地面。 3. 应考虑无障碍设计。
	停车场	花岗岩全铺。	地面砖与花岗岩规则交叉铺。	地面砖或植草砖。
	台阶与坡道	1. 采用毛面高档花岗岩贴面，纵坡＜7%，横坡≤2%。 2. 无障碍通行宽为 1.2 m。 3. 应有台阶灯照明。	1. 采用毛面花岗岩贴面或当地砖铺装，纵坡＜7%，横坡≤2%。 2. 无障碍通行宽为 1.2 m。 3. 应有台阶灯照明。	1. 采用当地面砖或混凝土台阶，纵坡＜7%，横坡≤2%。 2. 无障碍通行宽为 1.2 m。 3. 宜有台阶灯照明。
景观小品	信息标志	设置尺寸为 2.375×3.8 的信息牌。	同左。	同左。
	室外家具 便民设施	1. 配置音响、饮水器、垃圾容器、座椅、书报亭、公用电话亭、邮政信报箱。 2. 风格与景观整体协调。	1. 配置音响、垃圾容器、座椅、书报亭。 2. 风格与景观整体协调。	应配置垃圾容器、座椅、书报亭。
	1. 栏杆/扶手 2. 围栏/栅栏	1. 采用 LOGO 标志栏杆。 2. 高档石材、高档防腐木材、铁艺。	1. 采用 LOGO 标志栏杆。 2. 铁艺、中档防腐木材。	1. 采用 LOGO 标志栏杆。 2. 普通防腐木材、混凝土。
	陶艺	1. 应与景观整体风格协调。 2. 宜与水景或植物配合搭配。	同左。	
	挡土墙、景观墙	1. 压顶采用高档花岗岩饰面。 2. 墙体采用彩色外墙面油漆、仿真石漆或高档花岗岩饰面。	1. 压顶采用当地花岗岩饰面。 2. 墙体采用彩色外墙面油漆、仿真石漆或当地花岗岩饰面。	
	景观栈桥、拱桥	1. 考虑结构承载能力。 2. 桥面与衔接路面应保持同一水平高度。 3. 装饰面材选用石材或高档木材。	1. 考虑结构承载能力。 2. 桥面与衔接路面应保持同一水平高度。 3. 装饰面材选用石材或普通木材。	1. 考虑结构承载能力。 2. 桥面与衔接路面应保持同一水平高度。 3. 装饰面材选用混凝土或普通木材。

景观小品	种植容器	1. 成品选用花岗岩花钵、芬兰木花槽。 2. 现场砌筑容器为高档花岗岩贴面、高档花岗岩压顶。	现场砌筑容器为普通花岗岩贴面、普通花岗岩压顶。	现场砌筑容器为水泥沙浆粉面。
	雕塑小品	1. 与主题风格相一致。 2. 选用高档花岗岩或金属(哑光)材料。	1. 与主题风格相一致。 2. 选用当地花岗岩或金属(哑光)材料。	
	假山、置石	1. 假山独立成景观小品或者与水景组合。 2. 选用真石或 GRC 材料。	1. 假山独立成景观小品或者与水景组合。 2. 选用 GRC 材料。	同左。
	检查井盖	1. 具有明显的专业识别标志,如电井为闪电标志。 2. 铺装材料、图案纹理与周围饰面保持一致。 3. 角钢或者钢板在施工中做防锈处理,刷红丹漆两道外加保护漆一道。	同左。	同左。
景观水景	1. 喷泉 2. 涌泉	1. 国产离心泵。 2. UPVC 水管,沾水管件为不锈钢。 3. 铜质喷头,自动手动双控制装置。	同左。	同左。
	1. 景观水池 2. 溪流 3. 驳岸	1. 自然水池采用柔性结构,驳岸用自然景石装饰,配植水生植物。 2. 人工水池采用钢筋混凝土结构,侧面、底面装饰图纹马赛克,岸边应有安全栏杆和警示标志。 3. 溪流用条石驳岸,采用自然面花岗岩压顶,岸边局部配置矮灌木,溪底散放景石,水中种植当地水生植物。	1. 自然水池采用柔性结构,驳岸用自然景石装饰,配植水生植物。 2. 人工水池采用钢筋混凝土结构,侧面、底面装饰图纹马赛克,岸边应有安全栏杆和警示标志。 3. 溪流为黏土驳岸,岸边放置景石,局部配置矮灌木,溪底散放卵石,水中种植当地水生植物。	
	水循环	国产或进口离心泵,UPVC 水管。	同左。	

续表

类别			高档楼盘	中档楼盘	普通楼盘
景观建筑	景观亭、廊、棚、架		1. 与主题风格相一致。 2. 采用钢筋混凝土或高档防腐木结构。钢筋混凝土结构的饰面材料为高档花岗岩。 3. 膜结构景观做点缀。	1. 与主题风格相一致。 2. 采用钢筋混凝土或普通防腐木结构。钢筋混凝土结构的饰面材料为当地花岗岩。	1. 与主题风格相一致。 2. 采用钢筋混凝土结构。饰面材料为调色漆。
	门卫室		1. 与主题风格相一致。 2. 采用钢筋混凝土结构。 3. 饰面材料采用高档花岗岩。	1. 与主题风格一致。 2. 采用钢筋混凝土结构。 3. 饰面材料用调色漆。	同左。
景观照明	道路与场地照明	车行照明	1. 用于小区主干道。 2. 灯具选择应与主题风格相一致。 3. 灯具有遮光罩及防护罩。 4. 高度为4.0～6.0 m，照度30 lx。	同左。	同左。
		人行照明	1. 用于组团人行道。 2. 灯具应与主题风格相一致。 3. 灯具有遮光罩及防护罩。 4. 高度为1.8～3.0 m，照度20～45 lx。光线柔和避免眩光。	同左。	同左。
		安全照明	1. 用于台阶、转角处。 2. 灯具应与主题风格相一致。 3. 灯具应有防护罩。 4. 照度30～50 lx。	同左。	同左。
		场地照明	1. 定向场地。 2. 灯具应与主题风格相一致。 3. 符合专业照度要求。	同左。	同左。

景观照明	装饰照明	水景照明	1. 水景区域。 2. 应与主题风格相一致。 3. 使用 12 V 低压电源,防漏水漏电。 4. 应有明暗变化。	同左。	同左。
		广告灯箱	造型应与主题风格相一致。	同左。	同左。
	特写照明	乔木绿化照明	1. 苗木定向照明。 2. 颜色为暖色,可采用侧光、投光、泛光等多种照明形式。 3. 照度在 300 lx 以下。 4. 避免眩光。	同左。	同左。
		雕塑小品照明	1. 雕塑定向照明。 2. 采用暖色光源进行投光、泛光照明。 3. 照度 150～500 lx。	同左。	同左。
		建筑立面照明	1. 建筑定向照明。 2. 暖色光源,可采用侧光、投光、泛光等多种照明形式。 3. 照度在 200 lx 以下。	同左。	同左。
景观设备	给、排水		1. 水泵明放池底。 2. 景观给水应按支状管网设计。 3. 水压按延程损失加 10 m 设计,损失加 10 m。 4. 给水用量按 4 个给水点设计。 5. 景观排水与室外网管设计相互配合。 6. 给水与雨水收集相结合。 7. 材料选用 PVC、UPVC 管。	同左。	同左。

续表

类　别		高档楼盘	中档楼盘	普通楼盘
景观设备	供电	1. 结合室外标识及活动舞台等预留足够接口。 2. 控制箱、配电箱等位置安全、隐蔽。	同左。	同左。
	景观水质处理	采用曝气、定期换水、过滤等物理处理。	同左。	同左。

3. 不同风格景观要求

风格 景观构成	地中海官邸风格	地中海田园风格	森海湾度假风格
景观特点	重点区域宜考虑采用热带植物,强调坡度变化,道路宜屈曲回环,高低起伏。植被宜疏密相间,开阖有序。强调首层住户的私密性。亭阁花架雕塑宜采用经典欧式造型,与建筑风格相一致。	小尺度景观,形成多重垂直绿化,绿量较大,较小间距下不感觉到压抑。宜采用同纬度气候区域常用植物,讲究高大乔木与其他植物的搭配效果。通过陶罐、小块砖石材甬路,木质花架等营造气氛。	热带植被。暴雨强度大,多为红沙土,土坡宜缓,结合植物垂直变化形成起伏有致的形象。重点区域考虑大王椰,聚集处宜用榕树,花池矮墙多用火山石。
硬制铺装	多采用暖色石材,如黄木纹,紫红麻花岗岩(荔枝面、自然面)等。园路两侧常用15~20宽排水沟。追求多变丰富的组合效果。	多采用透水砖拼接成图案;园路多用红色透水砖,讲究图案拼接,常用平缝竖贴镶边。硬制铺装讲究块材亲切尺度。	路面铺地宜采用红色、黄色等暖色基调。局部广场可采用彩色琉璃马赛克。
景观植被	重点区域如主入口,主乔木宜用棕榈科植物,如大王椰,蒲葵等。除热带区域外,普通部位植被宜多用地方性树种。	重点区域植株乔木采用全冠移栽。主入口和观房动线两侧经常采用成片鲜花营造温馨气氛。	热带植物为主。入口和主要沿街多用大王椰,区内主路多用椰树。组团内可采用榕树作为中心场所,宜采用结合休息座椅的组合树池。
景观小品	雕塑多用砂岩青铜仿石涂料。追求丰富。	多采用陶罐陶艺,木花架等,突出质朴感受。	
水景	多用动态水景,多用喷泉,叠水流浦,小溪流水等水景元素。	讲究水系的自然效果。	气候炎热,蒸发量大。除有自然水系可引入外,不宜采用大面积水景。
挡土墙、景观墙	多用砂岩、黄金麻花岗岩(荔枝面、自然面)、紫红麻花岗岩(荔枝面、自然面)、仿石涂料等。 压顶不宜采用砂岩。	宜采用天然石材,宜采用文化石,片石等突出水平效果。可借鉴地中海托斯卡纳风格。 压顶不宜采用砂岩。	矮墙多采用白色圆润边角,宜作曲折波浪造型,突出手工质感,但要讲究工艺。局部可采用火山石。 压顶不宜采用砂岩。

附录4 园林常用铺装材料

1.花岗岩材料

1)花岗石规格

常用规格为300 mm×300 mm,400 mm×200 mm,500 mm×250(500) mm,600 mm×300 mm,600 mm×600 mm;可使用的规格为100 mm×100 mm,200 mm×200 mm,300 mm×200 mm。原则上花岗岩可以定制或者现场切割成任何规格,但会造成成本的增加和人工的浪费,所以在无特殊铺装设计要求的情况下,不建议使用(做圆弧状铺装除外)。

当作为碎拼使用时,一般使用规格为边长300~500 mm,设计者可以要求做成自然接缝,或者要求做成冰裂形式的直边接缝。

当作为汀步时,一般使用规格为600 mm×300 mm,800 mm×400 mm,或者边长为300~800 mm的不规则花岗岩,厚度为50~60 mm,面层下不做基础,直接放置于绿地内。

花岗岩厚度在一般情况下,人行路厚为20~30 mm,车行路厚为40 mm以上。可以借鉴某公司景观设计标准中对花岗岩厚度要求(表1)。

表1 某公司室外花岗岩应用部位及厚度标准

部 位	厚度/mm	备 注
地面	20厚	规格:室外地面400 mm×400 mm以下
广场	20、30厚	上车广场采用40厚
道路	小车40厚,人行道20厚	高档楼盘台阶用100厚整块条石
台阶	踏面30厚、踢面15厚	用于花池、游泳池、室外景观楼梯
汀步	外露汀步50厚、隐蔽汀步30厚	

2)花岗石种类及颜色

花岗石常用颜色为浅灰色、深灰色、黄色、红色、绿色、黑色、金锈石;常用的颜色与市场中相对应的花岗岩名称为:

浅灰色—芝麻白;

深灰色—芝麻灰;

黄色—黄金麻;

红色—五莲红(浅色)、樱花红(浅色)、中国红(深色);

绿色—宝兴绿、万年青;

黑色—中国黑、丰镇黑、芝麻黑。

3)花岗石饰面工艺

室外花岗岩材料统一名称叫法:发光面、亚光面、烧面、机切面、拉丝面、荔枝面、凿面、自然面、蘑菇面。面材粗糙程度递增,烧面以后面材没有光度,属于粗面。

发光面:是指对经过机切后的花岗岩进行机器打磨后的面层质感,表面非常平滑,高度磨光,有镜面效果,有高光泽,在雨天和雪天会致使行人滑倒,所以在设计时,此种花岗岩铺装面积及宽度都不宜过大,一般不建议使用。

亚光面:是在机切面的基础上用磨片打磨加工完成的,根据不同要求亚光程度也不同。表面平滑,但是低度磨光,产生漫反射,无光泽,不产生镜面效果,无光污染。防滑性能差,可小尺度使用。

烧面:是指对机切面的花岗岩高温加热之后快速冷却,形成较规则的凹凸面层,此面层的颜色会比其他几种面层的颜色稍浅;黄色花岗岩经过烧毛处理后颜色会偏红。

机切面:直接由圆盘锯砂锯或桥切机等设备切割成型,表面较粗糙,带有明显的机切纹路。

拉丝面:是很细的直纹,经黑色花岗石拉丝处理后呈灰色。

荔枝面:表面粗糙,凹凸不平,是用凿子在表面上密密麻麻地凿出小洞,有意模仿水滴经年累月地滴在石头上的一种效果。

凿面:是指对机切面的花岗岩开凿处理后形成较不规则的凹凸面层,常用于黄色花岗岩的毛面处理,也可以对抛光的花岗岩进行凿毛处理。

自然面:是指花岗岩经开采后所形成的自然形态,铺装时面层稍微经过加工,去除尖角,其他面为机切面,铺设完成后走在上面有明显的感觉。

蘑菇面:一般是用人工劈凿,效果和自然劈相似,但是石材的天面却是呈中间突起四周凹陷的高原状形状。由于难清洁,一般不建议用作地面铺装材料。

每块花岗岩铺装之间可以设计留缝宽度,一般图纸中不注明留缝宽度时,表示留缝宽度为3 ~5 mm;设计者可根据铺装效果要求特殊的留缝宽度,常用的宽度为6 mm,或者密缝(留缝1,对施工工艺要求较高)。

常用的铺装方式为错缝(分对中及不对中两种),齐缝,席纹,人字形,碎拼;机刨面花岗岩采用不同方向的铺装时,会产生表面纹路的变化。

2. 陶砖

人行道铺地、楼梯踢面20 mm厚,踏面30 mm厚,车行道40 mm厚。

3. 文化石

人行道铺地、景墙压顶(经济型)、墙面、花池贴面30mm厚。

4. 石板、料石

由于石板类质地较脆,所以一般情况下不使用大规格。石板定制或者现场切割成任何规格。石板作为铺地材料时不建议使用200mm以下规格。常用规格为200 mm×100 mm、200 mm×200 mm,300 mm×150mm、300 mm×300 mm、400 mm×200 mm,400 mm×400 mm。当作为碎拼使用时,一般使用规格为边长300 ~500 mm,设计者可以要求做成自然接缝。当作为汀步时,一般使用规格为600 mm×300 mm、800 mm×400 mm,或者为边长300 ~800 mm的不规则石板,厚度为50 ~60 mm,面层下不做基础,直接放置于绿地内。厚度在一般情况下,人行路为20 mm厚以上,车行路为50 mm厚以上。

整形石板铺装之间留缝宽度一般为10 mm;碎拼时留缝宽度为10 ~30 mm,设计者可根据铺装效果要求特殊的留缝宽度,碎拼时留缝宽度不宜大于50 mm。常用的铺装方式:整形石板为错缝(分对中及不对中两种),齐缝,席纹,人字形;不规则形状为碎拼。

料石用于台阶长度600 mm,宽度同踏面宽,厚度一般同踏步高,不小于50 mm厚;铺设道路、广场时厚度不小于 30 mm。

5. 木材

不同厂家生产的防腐木规格不一样，所以设计者的规格一般为指导性规格。若龙骨间距 800 ~ 1 000 mm，木板 30 mm 厚；若龙骨间距 600 ~ 700 mm，木板 20 mm 厚。木板宽度均为100 ~ 150 mm。防腐木的长度不建议过长，根据实际铺地中龙骨的间距确定，一般为龙骨间距的整倍数。

天然防腐木木材颜色为木本色，人工防腐木一般为浅绿色，施工前需要用清漆或桐油将木材颜色调成木本色，或其他设计要求的颜色。

常用的铺装方式为齐缝、错缝（分对中或不对中两种）；也可设计成其他有变化的铺装样式，如每隔一段距离改变木板的铺设角度。木板之间的留缝大小为：宽度 95 mm 的木板留缝 5 mm；宽度 140 mm 的木板留缝 10 mm。

6. 卵石

卵石分为天然河卵石和机制卵石。天然河卵石颜色比较杂乱，大部分为灰色系；机制卵石颜色比较单一，一般有黑色、灰色、白色、红色和黄色。天然河卵石面层质感粗糙；机制卵石面层光滑。

常用规格为小粒径 ϕ10 ~ 30 mm，中粒径 ϕ30 ~ 50 mm，大粒径 ϕ50 ~ 80 mm，如特殊需要，可以使用大规格卵石，如水池底散置鹅卵石直径 60 ~ 120 mm，但不宜超过 ϕ200 mm。

卵石间的留缝宽度一般为 20 ~ 30 mm，留缝宽度不宜超过卵石本身的粒径。常用的铺装方式可分为平砌、立砌和散置，并且可以设计图案拼花铺装（单色或者多色）。人对卵石铺装的感觉比较明显，不利于高跟鞋的行走。常常采用卵石立砌的方式设计健身步道（规格为 ϕ30 ~ 50 mm的卵石）。

7. 砖

青砖规格为 240 mm × 120 mm × 60 mm，颜色为青色。

水泥砖是水泥和染色剂混合预制而成。面层质感较粗糙，有较细的孔眼。常用规格为 200 mm × 100 mm、400 mm × 200 mm，也可以使用 200 mm × 200 mm、300 mm × 150 mm，300 mm × 300 mm。厚度一般为 60 mm 厚，也有 50 mm 厚。常用颜色为浅灰色、深灰色、黄色、红色、棕色、咖啡色等。

植草砖是预留种植孔的水泥砖，规格多样，厚度一般为 80 mm，为保证种植孔中的植物（草）成活，嵌草砖不使用水泥砂浆和混凝土垫层。

透水砖按照原材料不同，可分为混凝土透水砖、陶质透水砖、全瓷透水砖。混凝土透水砖面层质感较粗糙，有较大的孔眼（与水泥砖相比），陶质透水砖和全瓷透水砖面层细腻，颗粒均匀。为了保证利于雨水渗透，透水砖铺装基础不能使用混凝土垫层。

混凝土透水砖常用规格为 200 mm × 100 mm、300 mm × 150 mm、230 mm × 115 mm；陶质透水砖常用规格为 200 mm × 100 mm、200 mm × 200 mm；全瓷透水砖常用规格为 200 mm × 100 mm、200 mm × 200 mm、250 mm × 250 mm、300 mm × 300 mm。原则上透水砖可以根据设计要求定制成任何规格。常用厚度为 50 mm。混凝土透水砖常用颜色为浅灰色、中灰色、深灰色、红色、黄色、咖啡色；陶质透水砖常用颜色为浅灰色、深灰色、铁红色、沙黄色、浅蓝色、绿色；全瓷透水砖常用颜色为浅灰色、深灰色、红色、黄色、浅蓝色。

烧结砖是利用建筑废渣或岩土、页岩等材料高温烧结而成的非黏土砖。常用规格为 100 mm×100 mm、200 mm×200 mm、200 mm×100 mm、230 mm×115 mm，厚度一般为 50 mm，也有的厂家产品厚度为 40～70 mm。常用的颜色为深灰色、浅咖啡色、深咖啡色、黄色、红色、棕色等。

8. 塑料植草格

植草板(格)由聚乙烯结合高抗冲击原料制成，通常用于停车场、隐形消防车道。植草板规格根据种植孔的大小确定，厚度一般为 30～40 mm。颜色一般为绿色。为保证种植孔中的植物(草)成活，植草板不使用水泥砂浆和混凝土垫层。

9. 树脂地坪

用于广场、道路、人行地面，厚度为 10 mm。

10. 橡胶垫

常用于儿童游戏区、老人活动区和健身器械摆放区。厚度一般为 30～40 mm，不小于25 mm 厚。分为现浇和成品铺设两种施工方式。颜色多样，若为现浇，可铺设成色彩、图案丰富的场地。

实训参考答案

项目3 B、C分区尺寸定位总平面图

项目3 B、C分区竖向总平面图

项目3 B、C分区物料总平面图

项目3 植物总平面图

项目3 总平面分区图

项目3 总平面索引图

项目3 A分区尺寸定位总平面图

项目3 A分区竖向总平面图

项目3 A分区网格定位总平面图

项目3 A分区物料总平面图

项目 4 A 分区物料总平面图

项目 4 通用图 1

项目 4 通用图 2

项目 5 养心轩

项目 5 养心轩详图一

项目 5 养心轩详图二

项目 5 养心轩详图三

项目 5 养心轩详图四

项目 5 养心轩详图五

项目 5 养心轩详图六

项目 5 养心轩详图七

项目 5 养心轩效果图一

项目 5 养心轩效果图二

项目 5 养心轩效果图三

参考文献

[1] 百度文库《万科景观设计技术标准》.
[2] 刘志然,黄晖.园林施工图设计与绘制[M].3版.重庆:重庆大学出版社,2022.
[3] 黄益.建筑施工图设计[M].武汉:华中科技大学出版社,2009.
[4] 徐锡权,陈秀云.建筑施工图设计[M].北京:中国水利水电出版社,2011.
[5] 吴立威. 园林工程设计[M].北京:机械工业出版社,2012.
[6] 孙勇.景观工程——设计、制图与实例[M].北京:化学工业出版社,2010.
[7] 韩玉娟.景观工程细部CAD图集——铺地[M].武汉:华中科技大学出版社,2011.
[8] 赵晓光.场地设计(作图)应试指南[M].3版.北京:中国建筑工业出版社,2008.
[9] 筑龙网.